小さな命を救いたい

獣医師：西山ゆう子

アメリカに渡った
動物のお医者さん

エフエー出版

小さな命を救いたい——アメリカに渡った動物のお医者さん

誕生物語

愛の力で、生まれました。

あの日のことを私は生涯、忘れることはないでしょう。捨てられた動物たちが施設でどのような最期を迎えるのか、その実態を知るために、私は地元の動物愛護センターを訪れました。そこには、いくつかに仕切られた檻があり、処分を待つ多くの犬の姿がありました。犬たちは一日ずつ部屋を移され、ガス室に近づいていきます。収容されたばかりの犬は、おびえたり、威嚇《いかく》したり、中には甘えるなど、まだ感情表現があります。けれど、数日をそこで過ごした犬たちは、もう何かを悟っているかのように静かにうなだれているだけでした。私は、怒りと悲しみで胸をいっぱいにしながら、必死に涙をこらえていました。泣いてしまうと、涙と一緒に熱い想いが流れてしまうような気がしたからです。私は、どんな小さなことでもいいから、不幸な命を救うために行動を起こすことを目の前の犬たちに誓いました。

そんな想いからスタートしたのが〝てんしっぽ不妊手術基金〟。これは、不妊手術の普及のために、手術をする飼い主にその費用の一部を支給する活動です。個人の活動のため助成金額には限りがありますが、暖かい励ましのお便りを下さった方や、賛同して寄付を下さった方など多くの方の優しさに支えられています。けれど、啓発という面では限界を感じ、この助成金と合わせた他の方法を模索するようになりました。

そんなある日、目にしたのが、雑誌に掲載されていた西山ゆう子さんの文章です。そこには、「小さな命を救いたい」という動物への深い愛情と、その想いをベースに不妊・去勢手術の大切さが綴られていました。その後、ゆう子さんが、一〇年前にアメリカへ渡った獣医さんであること、捨て犬・猫問題や動物虐待を訴えるため、動物の会〝アルファ〟をたった独りで立ち上げ、ボランティア活動を続けておられることなどを知りました。

そして、数年間の手紙のやりとりや資料集の購読を経て、ますます深い感銘を受けた私は、本の自費出版を提案し、快諾していただきました。それから約一年、海を挟んだEメールのやりとりが続きました。

そうやって、わずか一〇〇〇部の自費出版本『小さな命を救いたい』は昨年九月、ついに誕生したのです。多くの書店に置いてもらうすべを持たない私は、動物愛護団体の会報などで本を紹介してもらい、通信販売という方法で少しずつ本を届けていきました。そのうち、インターネットや口コミで話題が広がり、マスコミでも紹介されたことによって、徐々に反響が大きくなっていったのです。そして、本の発送作業に追われていた今年一月、一本の電話に私は胸を踊らせました。その内容こそ、今回のエフエー出版からの増補版出版の依頼だったからです。

この本は、捨てられた犬や猫たちの悲惨な現実をゆう子さんの自伝エッセイという形で伝えるとともに、その解決策である不妊・去勢手術の大切さを、獣医師という専門的な立場から訴える内容になっています。

また、動物を愛するたくさんの人からご協力をいただきました。表紙のイラストを提供して下さったのは地雷撤去活動の絵本で有名な葉祥明《ようしょうめい》さん。本文イラストを描いて下さった講談社の雑誌などで活躍中の漫画家埜《の》納《のう》タオさん。そして最後に、エフエー出版の永井晴彦様と同氏をご紹介くださった濱井千恵先生にお礼を申し上げます。

この本がきっかけとなって、さらに多くの人々の想いを結び付け、もっと大きな力で〝しっぽを持った天使〟である犬や猫たちの命を救っていきたい。それが私の願いです。

二〇〇一年四月

てんしっぽ不妊手術基金
岩本真利子

目次

第一章

私は動物のお医者さん

サンタモニカの街角

ウィルシャー・アニマルホスピタル

ロサンゼルスの西の外れにサンタモニカ市はある。治安がよく、しゃれたお店やレストランが多く存在する。サンタモニカビーチから3番通りのプロムナードあたりは若者や観光客が集まり、高級ブティックの多いモンタナアベニューにはハリウッドの映画スターたちが頻繁に出入りする。しかしサンタモニカの一番の魅力は、きれいに整備された静寂な住宅街とその住人であると私は思っている。もう何十年とサンタモニカに住み、この町を愛して離れようとしない気品のある中流階級の人たちである。そして最近では、医師や弁護士など比較的高級取りのおしゃれな若いカップルも仲間入りしている。若者も高齢者もおしゃれに暮らせる、それがサンタモニカの特徴だ。

そのサンタモニカ市を東西に横切って一本の大通りが走り抜けている。ウィルシャーブルバード。そのウィルシャー通りと23アベニューのすぐ近くに、ウィルシャー・アニマルホスピタルはある。建物は二階建ての小さな造りであるが、スタッフ二〇名以上の大規模な動物病院だ。私は、この動物病院に勤務する獣医師の一人である。診察に訪れるペットの半数は犬と猫で、残りの半分は鳥、ウサギ、爬虫類《はちゅうるい》といったエキゾチックアニマルで占められている。

ウィルシャー・アニマルホスピタルの朝は早い。朝七時に病院のドアは開かれる。早番のスタッフは七時前に出勤し、院内のコンピュータを起動し、ケネルでは世話係が掃除を始め、治療室では朝の投薬、治療がテキパキと進められる。

コーヒーを片手に病院の裏口のドアを開けると、ちょうどケネル係のドロレスが犬の散歩のために外に出るところであった。

「おはよう、ユウコ先生」

元気な笑顔である。ヒスパニック系アメリカンの彼女はとてもよく働き、動物が好きで好きでたまらない女の子だ。また、なぜか動物も彼女には心を許し、飼い主から離れて緊張している犬や猫も、彼女にだけはよくなつく。彼女には動物とコミュニケーションできる特殊能力が備わっているのかもしれない。

ドクターオフィスに入ると、アニマル・テクニシャンのリズがカルテの整理をしていた。

「Good morning, Yuko, how are you today?」

彼女の青い目が親しげに微笑む。中学生と小学生の子どもを持つ彼女は、もう一〇年以上も勤めているベテランテクニシャンだ。

「おはよう、リズ。今日も万全、快調よ」

私も思わず笑い返す。私はアメリカ社会の朝の挨拶が大好きだ。しっかりと相手の目を見つめ、微笑みながら明るく元気に「Good morning」と言う。とてもすがすがしい。誰だって朝は眠いし、疲れが溜まっている時もある。だがそんな気分を吹き飛ばしてしまうような笑顔。

小さなことかもしれないが、こういう笑顔で一日が始まることが、仕事を楽しくする要因になっているような気がする。朝一番のスマイル。日本ではあまり見られない光景かもしれない。

私は、さわやかな気分で白衣と聴診器をつかんで治療室に向かう。今朝の入院は合計二五匹。今日もまた多忙な一日になりそうだ。病に苦しむ小さな動物たちを少しでも楽にさせてあげる。それが獣医師としての私の仕事だ。

進んでいるアメリカの獣医療

ウィルシャー・アニマルホスピタルのディレクター（ボス）は、ドクターフランク・ラバックである。初めて彼に会うと、たいていの日本人はその背の高さに圧倒されるであろう。コロラド獣医大学時代にはバスケット部で活躍していただけあり、二メートル以上の長身を誇っている。彼の顔は栗色の髭で覆われているものの、クリクリとした目はとても愛らしい。

その彼の長くほっそりとした指は、体重三〇グラムにも満たない小さな小鳥の命を数多く救ってきた。フランクは、鳥類専門医の資格を持つスペシャリスト獣医師である。鳥類のスペシャリストは全米でもまだ珍しく、したがってウィルシャー・アニマルホスピタルには、多くの鳥が他の動物病院からリファー（紹介診療）されてやってくる。

アメリカでは、スペシャリスト（専門医）の資格制度が確立されている。資格は全て獣医師会と専門医協会が厳しく管理しており、麻酔科、救急科、内科、外科、眼科、皮膚科、歯科、産科、癌科、栄養学科、行動学科ほか、多方面に及んでいる。スペシャリストになるためには、獣医師免許を取得した後、数年間の臨床経験を積み、研修及び大学あるいは専門病院での勤務を終えた上で、非常に難関の専門試験にパスしなくてはならない。これらの厳しい制度を修了して試験にパスした人のみに、〝スペシャリスト〟の称号が与えられ、専門医と公言することが許されるのである。逆に言えば、アメリカ全土から選ばれた一部の優秀な獣医師のみが、この専門医免許を手にすることができるのである。きちんとした専門医免許制度もなく、誰でも勝手にスペシャリストと名乗ることができる日本とは大違いなのだ。

このような制度も含め、アメリカの獣医療は日本より進んでいると言われている。しかし、どこの動物病院にも最新の高価な医療機器が揃い、毎日脳外科手術やCTスキャンなどを行っているわけではない。私が実感している日本とアメリカの獣医療の大きな違いは、第一にアメリカは予防医学に重点が置かれていること、そして第二に、動物病院の分業制が発達していることの二点だ。

予防医学には、ワクチン、不妊手術、正しい食生活、定期的なグルーミング、しつけ、歯石と口内衛生検査、その他、ノミやフィラリアといった病気の予防、定期的な身体検査と精密検査などがある。アメリカでは、病気になる前に予防できるものは極力予防し、具合が悪くなくても年に一回は獣医師の診察を受けるという習慣がよく浸透している。定期的に診察を受けると、場合によってはわずかな異常を早期発見することができるし、また獣医師とのコミュニケーションを通して、食餌《しょくじ》や運動、しつけといった基本的なことを学ぶことができる。これらのワクチンや予防医学、あるいは不妊去勢手術を中心とした獣医療を、広くファミリー・プラクティスと呼んでいる。総合的にペットの健康を守り、広く予防医学を指導するという役割を担っている。このような病院では、毎日の診療の多くはワクチンと身体検査、そして不妊去勢手術、他に外耳炎や皮膚病、その他の軽い病気（下痢《げり》、嘔吐《おうと》、外傷、発熱など）ということになる。

一方、これらのファミリー・プラクティス以外に、専門医の資格を持つ獣医師が、その分野だけ専門に診る〝専門病院〟を開業している。整形外科、歯科、癌科、神経科、放射線科、救急科から、猫だけ、エキゾチックアニマルだけといったものまで多岐にわたる。また、不妊去勢手術だけを専門に行うクリニック、夜間だけオープンしている救急病院などもロサンゼルス中に散らばっている。分野を絞って診療を行うことで、特殊な医療機器など設備を充実することが可能になり、また獣医師もスタッフもその専門のための特殊なトレーニングがなされていることが特徴だ。

動物病院がこのように専門化すると、非常にメリットが高いと私自身は感じている。まず第一に、獣医師側のストレスが軽減される。いくら獣医大学で全ての病気について学んだとしても、一人の獣医師が、外科・内科から、眼科、皮膚科、その他全てを完璧にこなせるものではない。大学を卒業して数年間臨床をすると、自分がどのような分野に向いているのか、自ずとわかってくるものである。

専門医の資格を取らないとしても、ある程度、的を絞った臨床を行うということは、自分の得意分野、好きな分野をより深く究めることになり、すなわちそれが、動物にとっても大きなメリットになる。その点、日本では専門医や獣医間の分業の制度が一般化していないので、一人の獣医師が外科から精神科まで、全てをこなさなくてはならない所が多い。結果として「本当は、骨折の手術は得意ではないんだけど」と思いながら、飼い主の手前やらないわけにもいかず、しぶしぶやるという場合が出てくる。

また、専門を絞ることで、余計な医療機器を所有しなくてすむというメリットもある。内科専門の病院に骨折手術器具は必要ないし、皮膚科病院が精密な眼科器具を購入する必要もない。これらの驚くほど高価な医療機器を所有しないですむということは、それだけ病院経営が円滑に行われることになり、診療料金をなるべく安価に抑えることが可能になる。それは動物の飼い主にとっても大きなメリットとなる。

〝低料金不妊去勢手術クリニック〟も、特殊な専門病院の一つである。安価に不妊去勢手術を行うことで、不妊去勢手術を普及させ、もらい手のない不幸な動物の数を減らすことを究極の目的としている。そのため、ほとんどの低料金不妊去勢クリニックでは、簡単なワクチンと不妊去勢手術だけに診療行為を限っている。その他の診療に必要な医療機器を所有せず、コストを下げ、一日に何十匹という犬や猫の不妊去勢手術を流れ作業的に行っている。これらは全てアイソフロレンという最新のガス麻酔と、きちんと消毒された清潔な器材を使用し、熟練した獣医師が正当な方法で手術を行うのである。不妊去勢手術だけに診療分野を絞ることでコストを下げることができるのだ。

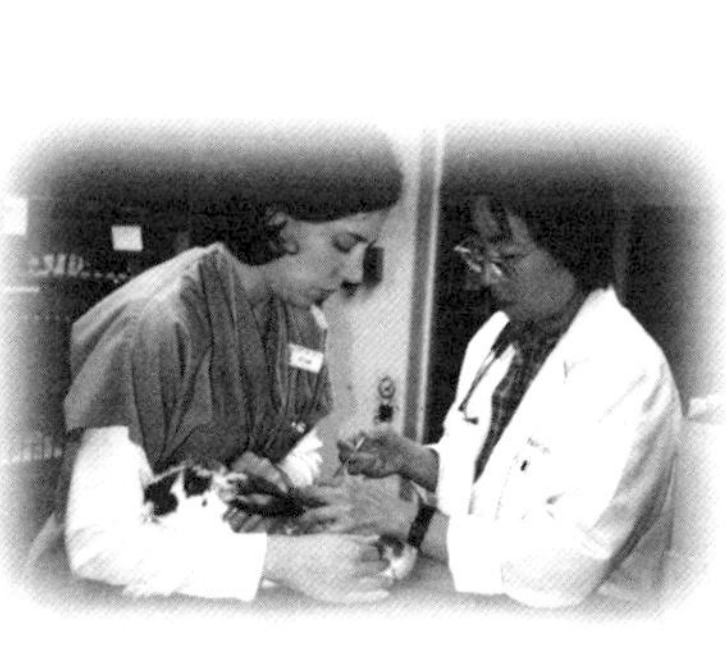

獣医療とインフォームド・コンセント

バーバラは、まだ三〇歳前半くらいかもしれない。淡いピンクのスーツをピリッと着こなし、どこから見てもキャリアウーマンそのものであった。彼女は生後四か月のジャックラッセル・テリア（犬種）の狂犬病ワクチン接種のために、アポイントメント（予約）を取っていた。スーツ姿の様子から、彼女はこの後、勤務先の法律事務所に直行すると思われた。彼女は女性弁護士である。

彼女の愛犬ハイジは、健康そのもので全て問題なし。狂犬病のワクチンを接種した後、食餌と運動、しつけ、それから不妊手術について話をした。バーバラはキャリアウーマンらしく私の説明を最後までしっかりと聞いた後、静かに質問をしてきた。

「不妊手術のメリットについてはよくわかりました。では、不妊手術をすることによって発生するマイナス面、すなわち麻酔のリスク、考えられる後遺症と合併症、それからそれらがどの程度の確率で発生するか説明していただけますか？」

日本では、このような質問をしてくる人は少ない。しかし、アメリカ人は単刀直入に質問する人が多い。そしてこのような質問をされて動揺するようでは、臨床獣医師として勉強不足であると言わざるを得ない。具体的な統計数値を並べて正確に説明できるだけの知識がないと失格である。

また、適当に自分で数字を作って言うことも許されない。なぜなら、アメリカでは〝セカンド・オピニオン〟の習慣が定着しているので、飼い主は少しでも獣医師の意見、方法に疑問を持つと、すぐに他の獣医師にアポを取り、複数の獣医師の意見を聞き比べるからだ。適当なことを言うと、医療過誤で訴えられる。

しかし、逆に私は、こうやってはっきりと事前に質問してくる人が大好きである。何を心配し、何を不満に思っているのかはっきりと意思表示してくれると、こちらとしてもやりやすいからだ。何も質問もせず、私の説明に全て納得したような様子を見せながら、陰で「あの先生は前の先生と違ってよくない」などと言い、また後から「こんなはずではなかった」と文句を言ってきたりする人の方がよほど扱いづらい。

私はバーバラの目を見ながら、ゆっくりと説明した。

「現在、アメリカの全国平均では、全身麻酔による死亡率は〇・一％とされています。すなわち、一〇〇〇匹に一匹の割合で死亡事故が発生しています。もっともこれは全国平均値であり、各病院によって差があります。

不妊手術の副作用、合併症としては、術後の感染、出血異常、皮膚切開線の部分の異常、あるいは肝臓や腎臓、心臓といった内臓機能の異常があります。が、いずれも発生率は一％未満です。

手術による合併症をできるだけ避けるために、手術前に血液検査、尿検査、心電図検査をすることも可能です。これらの精密検査は、身体検査で異常なしとみられた犬には通常行っていませんが、検査をすることでいっそう副作用の発生する確率は低くなるでしょう。ジャックラッセル・テリアは、遺伝病として血友病を持っている場合がありますから、出血異常がないかどうかも事前に検査するとよいかもしれません。

また当院は、手術中に万が一の緊急状態に陥った時に、それに対応できるだけの医療機器、そして熟練したレジスタード・テクニシャン（免許資格を持ったテクニシャン）とドクターが揃っています。

そして、衛生的な管理が行き届いた手術室で完全に消毒された器材を使って手術をするので、何か合併症でもない限り、私たちは術後に抗生物質を使うことはありません。その分、薬による副作用の心配をする必要がなくなります。

もちろん、麻酔薬も最新の安全なものを使用し、術後は通常、痛み止めの注射をします。もしバーバラさえよければ、当日は手術を見学してもいいですよ」

バーバラはじっと私の目を見つめていたが、私の説明が終わるとにっこりと笑って立ち上がり、握手を求めてきた。

「ありがとう、ドクターユウコ。よく納得できたわ。私は医者選びにはうるさい方なんだけども、あなたが気に入ったわ。近いうちにアポを取ってハイジの不妊手術をお願いするわね。あなたが手術室に入るのは何曜日？」

さっそうとした足取りで診察室を出て行くバーバラとハイジの後ろ姿を見ながら、私はバーバラがどれだけハイジを愛しているかがよくわかった。自分の犬のことを本当に心配する人ほど、細かく、時には厳しい質問をしてくる。そして私は、そうやって真剣に動物を愛している人が好きだ。

これから一〇年以上、ハイジを通してバーバラとの長いつきあいが始まりそうである。

間違った情操教育

岸田さん（仮称）は、大きな日系企業に勤める重役の一人。その一家はやがては日本に帰国する駐在ファミリーであった。と言っても、私がお会いしたのは、奥さんと一五歳くらいの娘さんと七歳になるポメラニアンのリリーちゃんだけで、多忙を極めている岸田さんには一度もお会いしたことはない。

リリーは、日本で生まれ育った典型的な〝甘やかされ〟ポメであった。ふさふさとした毛の下のころころとよく太った胴体、軽い心臓弁膜症、軽い気管虚脱症、ひどい歯石。

「ドッグフードは食べないんです、リリーちゃんは」

と岸田婦人。

それゆえ、ささみのゆでたもの、ビーフの炒《いた》めたもの、そしてコーヒーのクリーム、アイスクリーム（しかもハーゲンダッツしか食さないとか）、菓子パンといったおやつを主食にしているという。太り過ぎは心臓や気管を圧迫して心肺系の病気を悪化させるし、これだけ歯石を溜めてしまうと、歯肉炎から歯根炎に発展し、そこからバイ菌が体全体に広がって心臓弁膜症や感染性腎盂炎《じんうえん》を引き起こす恐れもある。

が、婦人はいつものように、「リリーの偏食は誰にも治せない」と、おかし中心の食生活を変えようとはしなかった。私だって、そんな贅沢《ぜいたく》な食生活に慣れてしまったら、ドッグフードなんて食べたいと思わないけど。

実は半年前に初めてリリーに会った時、不妊手術をしていないと知り、これはまずいと思った。しかもその時、右胸のおっぱいに五ミリほどの小さなしこりができていた。私は早急に不妊手術をすること、それからこの腫瘍《しゆよう》のバイオプシー（組織検査）を行うことを強く勧めたが、婦人と娘さんは、「麻酔をかけるのはかわいそう」「手術はかわいそう」「癌かどうかなんて知りたくない、わかったとしても手術はしたくない」という理由をずらりと並べ、何もしようとしなかった。

「うちの娘は一人っ子なんです。だから情操教育にと思ってリリーを飼い始めました。今では娘も、リリーなしの生活は考えられないと言っています。リリーに何かあったら、麻酔でもかけて万が一のことになったら、それこそ気が狂うかもしれませんし」

と岸田婦人。

しかし、動物を甘やかすことと、医学的に必要な手術や麻酔を拒否することを一緒にしないでほしい。医学的なメリットを踏まえて、若い時に不妊手術をすることや、癌ではないかきちんと検査をすることは、飼い主としての当然の責任であろう。甘やかし放題に育てることと愛情とは大きく異なる。

そしてそういう、間違った愛情表現を見ながら育つ娘さんは、やがて自分の健康、自分の子どもや家族の生活を、自分で判断して責任を持って管理することができる女性になるだろうか。私はいつもこの〝かわいそう症候群〟〝無責任に愛してます〟の日本人に会うたび、何ともやりきれない、後味の悪い思いにかられてしまう。

しかし半年経った今回の診察は、全く様子が違っていた。診察室のドアを開けた瞬間、岸田婦人も娘さんも、リリーの状態が普通ではないことを知って、ひどく心配しているのがわかった。ベージュのタオルにそっと包まれて、娘さんのひざの上でぐったりとしているリリーは、一目見て明らかに重症であった。そこには半年前の愛くるしい目も、美しい毛艶もなくなり、苦しそうに呼吸をする〝かわいそう〟な一つの命があった。私は言葉を失った。

〝子宮蓄膿症《しきゅうちくのうしょう》〟は、不妊手術をしていない中齢から高齢のメス犬に多発する。発情の後、ホルモンのアンバランスから子宮内感染を起こし、子宮内に膿が溜まり、そこから発する毒素が全身に回って命を奪う恐ろしい病気である。

ただでさえころころと太ったリリーのお腹は、感染した子宮でますます膨らみ、胸部を圧迫し、そのためリリーはぜいぜいと苦しそうに呼吸をしているのだった。

もう岸田さんに選択の余地はなかった。リリーの命を救うためには、手術をして子宮と卵巣を取り除くのが唯一の方法であった。過去には、子宮蓄膿症の治療に抗生物質やホルモン薬の投与という内科的治療法も試みられたが、どれも一時的には回復してもやがては悪化し、最終的には外科手術に頼ることになる。

手術といっても、リリーの場合は心臓には弁膜症と気管虚脱という持病もあり、また、肥満であることから、手術のリスクがかなり高かった。しかも、子宮感染の毒素が体内に広がっており、その影響で腎臓機能、肝臓機能も衰えており、そのうえ、微熱と脱水症があり、外科、内科の両方からのアプローチを行いながら、入院、集中治療、二四時間モニターを行うことになった。

〝ウェットボックス〟（Wet Box）という、湿気の高い酸素が送り込まれる保温器に入れられても、リリーはぐったりとしてほとんど動かなかった。体重七ポンド（約三kg）の小さな体に、心電図、点滴用の管、血液内の酸素飽和状態を監視する管などをくくりつけられて、見るからに痛々しかった。内臓の数値が落ち着くまで一日待ち、それから二時間に及ぶ子宮卵巣全摘出手術が施行された。持病の心臓病と気管虚脱症、そして全身状態がかなり悪化してのオペであったため、手術後は一時も目を離せない重篤《じゅうとく》な状態が丸二日続いた。

幸いにも、三日目からリリーの容態は快方に向かいだし、その小さな体のどこにそんなパワーが残っていたのかと思えるようなエネルギーが蘇り、七日間の入院の後にリリーは今度は赤いタオルに包まれて、娘さんの胸に抱かれて退院していった。

そのまた半年後。再びリリーの呼吸症状が現れ、岸田親子が来院した。リリーは子宮蓄膿症の手術後、しばらくは〝いつも疲れている〟様子だったそうだが、食欲旺盛で半年の間にまた体重が増していた。ここ二、三日いつもよりも激しい咳《せき》が続いているという。聴診器を当ててみると、心臓弁膜症から起こる心雑音は以前よりずっと悪化しており、肺の音は鉛のように重く鈍くなっている。レントゲンを撮ると、弁膜症で大きく肥大した心臓が、真っ白になった肺を圧迫していた。さらに左右両方の肺に二センチくらいの白い影もあった。以前からの気管虚脱症のために呼吸経路も狭まっており、それに追い討ちをかけるように、胸の脂肪が肺をぎゅっと圧迫していた。肺の影は、乳腺の腫瘍が転移した癌細胞である可能性が高かった。

いわゆる呼吸困難である。全身が酸素不足を起こしており、いつショック状態に陥るかわからない。私は緊急入院を勧めたが、岸田親子は顔を曇らせた。

「もう入院はかわいそうです。だって心臓移植して新しい心臓になるわけではないし、癌だったらもう治らないでしょう？　それに入院となると、経済的にも大変ですから。このまま家に連れて帰って最期を看取らせて下さいませんか」

と涙声で私に訴えた。

半年前の子宮蓄膿症の手術の時には、入院費は合計で五〇〇〇ドルくらいかかっている。駐在員家族の岸田家は決してお金には不自由するとは思えないが、やはり大きな出費が続くと大変なのであろう。

それにしても全身から魂をしぼり出すように、血を吐くような苦しみを味わいながら息をしているリリーを目前にして、何もしないで家に帰すのは忍びなかった。私はとりあえず緊急処置をし、利尿剤を含めたいくつかの投薬をし、酸素マスクを被せた。気管拡張薬、利尿薬、強心薬を処方するから、せめて薬を飲ませるようにと話すと、

「あのう、錠剤ですか？　たまのお薬は、リリーちゃん絶対に飲まないんです。何かに包ん

であげても、お薬だけ上手に吐き出すんです。薬は嫌がりますから、結構です」

と婦人。私は返す言葉がなかった。

私は、濃い水色のタオルに包まれたリリーをそっと抱いた。リリーは苦しくてどうすることもできない呼吸を続けながら、じっと私の目を見ていた。必死に何かを訴えている目。助けてあげたいよ。呼吸を楽にしてあげたいよ。半年前にも、あんな大手術を一人で耐えて乗り越えたじゃないの。まだ死ぬのは早過ぎる。そう心の中で問いかけた。私の目に映るリリーの顔がぼやけていた。

ゼイゼイと音をたてながら、リリーは水色のタオルに包まれて、診察室を去って行った。岸田親子の後ろ姿を見送りながら、私はどっと涙が溢れてきた。私は決してリリーに同情したのでもなく、またきちんとケアのできない親子に対して怒ったのでもなかった。悔しかったのである。

なぜこれほど多くの動物が、大切な小さな命が、予防できる病気で苦しまなくてはならないのか。子宮蓄膿症も乳癌も、予防できるのである。たった一つのごくごく簡単な手術、〝不妊手術〟をしていたら、リリーはこんな目に合わなくてすんだのである。だいたい、病気で苦しむ自分のペットに、薬のひとつも飲ませることができないなんて、常識外である。

日本には、そんな飼い主が山のようにいる。なぜ日本の獣医師は、このようなヘルスケア、予防医学、責任のある飼い方を重要視しないのか。なぜ、基礎の基礎である薬の飲ませ方を指導しないのか。なぜ、甘やかし放題に育てている飼い主をもっときちんと指導しないのか。もっと獣医師が積極的に不妊去勢手術を普及させない限り、リリーちゃんのような不幸はなくならない。

不妊去勢手術が普及しているアメリカでは、もう子宮蓄膿症も乳癌もめったに見ない。責任を持った飼い方、育て方を獣医師が徹底的に指導しているからである。日本にもきちんと指導している獣医師はたくさんいるだろうが、アメリカに比べてまだまだその絶対数が不足している。そういう意味では、岸田親子もリリーも、怠慢獣医師による犠牲者であると言えよう。

その夜遅く、リリーは苦しみもがきながら息を引き取ったと、後日、電話で知らされた。私は胸が潰れる思いがした。それから間もなくして、岸田一家は日本に帰国していった。帰国して落ち着いたら、また新しい犬を飼い始める、そして今度は絶対に不妊手術をする、と婦人は明るい声で私にお礼を言った。

子どもは犬からいろんなことを学ぶことができると思うが、本当の命の尊さ、動物に対する愛情や責任感は、親から学ぶ。自分の親がどうやって動物の世話をするか、どういう飼い方をするかを見て学ぶのだ。

本当の情操教育とは、単なるかわいそうという気持ちを育てることではない。リリーのようなかわいそうな動物を作らないようにすることだと、私は思う。

九九セントのプレゼント

「ドクターユウコ、次はルーム4よ」

ミッシェルがあどけない笑顔で私に告げる。彼女は、まだ二〇歳の女の子。ドクターが診察する前に診察室に入り、動物の体重と体温を計り、簡単な病歴を飼い主から聞いてカルテに書き込むことを担当している。単純な仕事のようだが、神経質になっていたり、イライラしている飼い主を笑顔でなだめ、いつもスケジュールよりも遅れがちな獣医師の流れを円滑にする重要な役割である。淡い水色の目に、そばかすと金髪という愛嬌のあるミッシェルは、この役を実にテキパキとうまくこなしていた。

アメリカで不吉な番号は〝13〟であるが、私はこの四号診察室がどうも好きではない。日本式にいうと、四は死を意味して嫌われる番号だからだ。ここはアメリカ、単なるジンクスとしてあまり考えないようにしているが、今回もやはり不吉な予感は当たってしまった。

四号室のドアを開けた途端、目に飛び込んできたのは、子どものかたまりであった。〇歳から一二歳くらいまでの子ども九人と、大人の女性一人。合計一〇人がこの狭い診察室にびっしり、所狭しと並んでいる。みなヒスパニック系である。

大人の女性は、全く英語を話すことができなかった。みんな、うす汚れた古びた服装で、何人かの子どもは裸足であった。そしてその子どもたちの間にはさまって、ぐったりと床にうずくまっている雑種の犬がいた。

名前はミラ。茶色のメス犬で、五歳になるという。小さい時ノラだったのを保護され、それから何回も子を生み育てたという、今どき珍しく古風な飼い方をされた犬であった。ミラは痩せて毛艶も悪く、目には大きな白い目やにが溜まっていた。ひと目見て、かなりの重症であることがわかった。ミラは時々、背中を丸めて自分の陰部を舐めていた。

子どもたちはみんな、不安でいっぱいの目をしている。この先生、優しいかどうか、ちゃんとミラの病気を治してくれるかどうか、初めての動物病院の見知らぬ部屋で、子どもたちは不安でどうしようもない様子であった。

が、私だって不安でいっぱいなのだ。聞くまでもなく、この人たちは経済的にゆとりのない移民家族である。そしてレントゲン検査や血液検査をしなくても、ミラが非常に重篤な病気にかかっているのは明らかだった。

私はロサンゼルスに住んでから、必要に迫られて少しだけスペイン語を学んだ。そのため日常会話程度のスペイン語は話せるが、深刻な病気にかかっている犬のことを質問したり説明するのは無理だった。年齢が上の子どもたちはある程度英語を理解できたが、それでも一〇歳程度の子どもの英会話には限りがあった。私は、主に上の子に通訳してもらいながら、母親と思われる女性と会話をすることになった。

それによると、ミラはいつものように妊娠して分娩になったが（毎年一、二回、数匹の子を生んでいたという）、今回は一〇日前に一匹だけを死産し、その後ずっと食欲はなく、吐き続けているという。陣痛はまだあるかと問うと、ここ数日は、もういきむ気力もなく、陰部を舐めるだけという。

ミラは長年の子作りで、かなり消耗して痩せていた。陰部からは悪臭のする黒っぽい分泌物が流れており、下痢もしているようだった。ペロンペロンに痩せたお腹をそっと触診すると、少なくとも三匹の胎児が私の指に触れた。難産の末、子宮感染を起こしたのは明確であった。胎児も生きているとは思えなかった。手術をして、感染した子宮卵巣を切除しなくてはならない。だが、子宮からの感染はすでに全身に広がり、ミラは相当弱っている。ミラの命を救うには、手術を含めた長期入院治療が必要だった。

ミラを助けるには手術しかない、しかも手術してもミラが助かる見込みはうすいと説明すると、子どもたちは真剣な眼差しで私に聞いてきた。

「手術って、いくらするの？」

「多分、三〇〇ドルから五〇〇ドルくらい」

と私が答える。

本当なら、各種の検査や治療、入院費、薬代などを含めると、軽く一〇〇〇ドルは超えるはずであったが、そこまで言う勇気は私にはなかった。

すると母親は子どもに向かって、とても厳しい語調のスペイン語で何か言い放った。

「お母さんが、うちはお金がないから、今四〇ドルしか持っていないから、手術は無理だって……」

その途端、二、三人の子どもが泣き出した。それにつられて、他の子たちも涙ぐんだ。その瞬間、私はミラがこの家族の中で、家族の一員として、どれだけ愛されているのかを実感した。

〝アッパーミドルクラス〟という英語がある。中の上階級とでも訳すのか。ウィルシャー・アニマルホスピタルは、典型的なアッパーミドルクラスを対象とした動物病院である。そのため、多少値段が高くても、より質のよい医療サービスを求めてくる人がほとんどだ。充実したスタッフも設備も、そのために必要なものだ。

しかし市内には、他にももっと低料金で診察している病院がたくさんある。そういう安価で手術してくれる病院を紹介しようかと一瞬思ったが、ミラの容態は一刻を争う。転院させている間に死んでしまうかもしれない。どうしよう、と思っていたら一人の子が言った。

「オリンピック通りにある病院にも行ったんだけど、そこじゃミラは治療できないって断られたの。ウィルシャーに行きなさいって言われたの」

そうか、そういうことだったのか。事情が理解できたと同時に、急に怒りが込み上げてきた。

これがアメリカ社会の悲しい現実なのだ。この人たちはアメリカに移民し、お金も、明日の保証も何もない人たちである。家族の大黒柱はおそらく、昼は炎天下で重労働、夜はレストランの裏で皿洗いやビルの掃除をしながら違法労働しているのだろう。彼らの報酬は法定最低賃金以下の、せいぜい時給三ドルか四ドル。四〇ドルと言えば、この家族の一か月分の生活費に相当するだろう。

そうして精一杯働いて稼いだお金を握りしめて、病気の犬を助けてと病院へ駆けつけたのに、いとも簡単に「あっちに行って」と追い払う。お金のない人に用事はないのだ。これがアメリカンビジネスなのだ。

違法移民だから、違法労働者だからといって差別をするのがアメリカ社会ならば、そういう違法労働に支えられて成り立っているのもアメリカ社会なのに。皿洗いや肉体労働、人の嫌がる汚いものを扱う仕事をするアメリカ人はいない。そういう仕事をみんな違法労働者がやってくれるから、自分たちはおいしい仕事だけを楽しくやれるのだ。だからこそ、苦しい時はお互いに助け合うべきなのに。私は、ミラを治療しようとしなかったその獣医師を非常に恥ずかしく思った。せめて何の罪もないこの子たちに、アメリカに住んでいることを後悔してほしくないと思った。

「しましょう、ミラの手術。だって手術しないと、ミラは助からないんだから」

子どもたちの目がいっせいにパッと輝いた。お母さんもびっくりしたような目で私を見つめている。

「ミラの命は、お金には代えられないと思うの。マネージャーに、手術代を安くしてもらって、支払いはローンにしてもらうよう頼んでみるから、ちょっと待ってて」

そう言って私は四号室を出た。

オフィス・マネージャーのジルは事情を聞いて、深くため息をついた。

「クレジットカードのない人には、基本的には後払いは許していないの。明日、どこかに引っ越してしまうかもしれないでしょ」

私は、ジルに必死にお願いした。

「私が初めてアメリカに来た時、たった独りで、クレジットカードなんかなくって、車だってローンを組めなくて、どこへ行っても冷たくされたの。とても悔しかった。

それで、もっとがんばって、いつか社会から信頼されるようになろうと思ったの。とてもつらかったけど、時々手を貸して助けてくれる人がいて、そういう人の善意に支えられて、がんばれたんだと思うの。

この子たちは、一匹の犬の命を助けたくて必死なの。ミラは死ぬかもしれないけど、彼らに希望を与えてあげたいの」

ジルは、ちょっぴり優しい目をして言った。

「そうね。お金の問題じゃないこともあるわよね」

そう言って、彼女は白紙の見積書にサインをして私に手渡した。

「Good luck, Yuko」

私はジルにお礼を言い、その見積書に書き込んだ。手術、治療、入院費合計九〇ドル。前金として四〇ドル。あとはローン払い。ウィルシャー・アニマルホスピタルにとっては、異例のことであった。

その日、私は昼休みを返上して、ミラの緊急手術に踏み切った。弱り切ったミラには両方の前足からリンゲル液と庄圧輸液薬を同時点滴し、心電図計、血圧計、体温計、血液酸素飽和測定器など、あらゆる管が取り付けられた。ミラの子宮はひどく感染し、子宮内の胎児はどろどろに腐っていた。卵管から卵巣を伝って、感染は腎臓と胃の一部にも広がり、腹膜炎を併発していた。

子宮と卵巣を摘出した後、腹膜を数回洗浄してから腹部を閉じ、抗生物質と栄養製剤と鎮痛薬を静脈から投与しながら、麻酔の回復を待った。やや血圧が下がっていたものの、ミラは合併症も引き起こさずに順調に麻酔から覚醒し、夕方には軽く流動食も食べた。電気ヒーターの上で何枚もの毛布にくるまり、ミラは安心したようにうとうとと眠っていた。心電図はずっと安定していた。

ひょっとしたら、ミラは案外強い生命力で回復してくれるかもしれないと、私は胸が高鳴った。子どもたちの喜ぶ顔が目に浮かんだ。

夜六時。午後の外来が終わって、ミラの様子を伺いに治療室のケージをそっと覗いてみると、ミラは私に気が付いて、そっと立ち上がった。

「あ、そのまま寝てていいのよ。シエンテセ（おすわり）」

と私が言うと、ミラは私の目を見ながらゆっくりと尾を振り、それから腰を下ろして丸くなって、一つ小さくため息をついて目を閉じた。とても疲れている様子だった。

それから一〇分後。ミラはそのまま丸くなった姿勢で息を引き取った。ごく自然に、苦しむことなく、眠ったまま逝ってしまった。すぐに駆けつけた家族一〇人も、ミラの様子を見て、涙を流しながら、

「死んだとは思えない。今にも目を醒まして起き上がりそう」

と言った。子どもたちが泣きながら代わる代わる、ミラにキスをしてさよならをする様子

は、病院のスタッフ全員の涙を誘った。

私は一人オフィスに行き、カルテに死亡時刻を書き込むと、見積書の九〇ドルというところに線を引き、四〇ドルと書き換えた。飼い主は、現金で四〇ドルの前金を支払ったから、残金はゼロ。これでもう、彼らがお金の返済を心配することもない。

数日後の昼休み。あの子どもたちのうち五人が、病院にやって来た。

「ユウコ先生、これ」

と言って、ビニールの手提げ袋を手渡してきた。

見ると〝九九セント・ストア（均一ショップ）〟の袋の中に、小さな猫の置き物が入っていた。いかにも安物という、下手なペイントが施された置き物である。裏をひっくり返すと、「グラシアス、ムチョ、ドクトラユウコ（ありがとう、ユウコ先生）」と、子どもの字で書かれていた。

私は胸が熱くなった。子どもたちは、みんな明るい笑顔で私を見ている。九九セントというお金を、この子たちはどうやって貯めたのか。

私は、涙がこぼれそうになるのをようやく抑えて、子どもたちに言った。

「グラシアス、アミゴス（ありがとう、みんな）。ミラはね、不妊手術をしていたら、あんな死に方はしなかったの。もっと長く生きられたと思うわ。だから、次の犬には、必ず不妊手術をしてあげてね」

私が言うと、一番上の娘が目を輝かせて言った。

「うん。ママに言う。必ず不妊手術するようにする」

そう言って、五人は裏口から出て行った。

ミラの悲劇は、彼らの直面している貧困と無知（不妊手術というものを知らない）の結果である。だが、子どもたちには、それを乗り越えてゆく前向きな姿勢と強さがあった。そして人に感謝する優しい心。もしかしたら今の日本の子どもたちが、失ってしまっているかも知れない何かを、私は裸足の子たちの中に見たような気がした。

ドクターゆう子の一日

ある日の私の一日。

朝六時半、息子が泣き出して、起床。おっぱいをあげながら、アイマック（iMac）をポーンと起動してファックスとEメールをチェック。メールは、だいたい三〇個くらい。獣医コンサルティング、自分のペットの医療相談、若い子からの進路相談などが多い。それに友だちからの近況報告、ビジネス関係、ジャンクメールなど。ざっと目を通す。読み終わる頃に、授乳終了。

六時五〇分、夫が出勤。七時に私が出勤。車内で昨晩作ったおにぎりを一個食べる。七時半、ベビーシッターに息子を預ける。七時四五分、病院に到着。直ちに入院ケースからチェック。忙し忙し。

午後一時、時間がある時はランチブレイク。ない時の方が多い。おにぎりを立ったままほうばる。うーん、胸が張って苦しい。本当は、二階のラウンジに行って乳搾りをしたいが、時間がない。人のいない手術室の隅で、一人、シュポシュポとポンプで搾乳する。こうすると、テクニシャンに指示できるし、カルテも読めるし、作業の流れを止めることなく、円滑に事が進められる。途中、獣医師のアルバートが知らずに手術室に入ってきて、いたく恐縮して慌てて出てゆく。ごめん、ドアも閉めずに公共の場で乳搾りしている方が悪いのだ。私は別に搾乳姿を見られても構わないのだが、どうも男性諸君の方が構うようだ。当たり前か。ベビーシッターに電話。息子は昼寝中とか。

午後は、ずっと外来の診察。忙し忙し。三時にバナナ一本。その後入院の動物の状態をチェック。それからドクターオフィスに戻って、クライアントに電話。メッセージが一〇個以上。息つく隙もなし。五時半、ドクターたちが集まって、簡単なケースディスカッション。速いテンポで進む。みんな、パッと頭を切り替えて集中。この速さが心地よい。

午後六時、勤務終了。息子をピックアップして、家に直行。お腹が空いたので、車の中でまたおにぎりを一個。

家に帰ると、夫が眠そうな顔で迎えてくれる。「や、僕もたった今戻ったところでさ」だって。公認会計士の彼は、仕事時間が不規則。夕食は、早く家に帰った方が作ることになっている。彼も私も忙しい生活だが、夕食だけはなるべく一緒に食べるように努力している。ディナータイムは、テレビも新聞もだめ。お互いの仕事のことなどを楽しく話す。二人とも、お酒は飲まない。

七時半、一人、ジムに出かける。クロール二〇分に、ウエイトリフティング一五分。気分爽快。その後、スチームサウナに入って思いっきり汗を流す。帰宅後、息子はかなりエキサイトしている。寝る直前はいつもこう。じゃれあって遊ぶ。

九時からは、勉強。今日入院してきた免疫不全疾患者のケースの最新の治療アプローチを調べ、明日のオペ予定の膵臓のバイオプシー（組織検査）について予習する。その後、コンピュータの前に座ってメール書き。朝受け取った質問や、コンサルティングの返事など。息子におっぱいを飲ませながらキーを打つ。文章を打つのはとても速い。昼間の断片的な時間（運転中など）に、だいたいの回答を考えて、構想はまとめてある。それを集中して書くだけ。それから、以前頼まれていた動物愛護団体の会報への執筆をする。今度は、猫のグレイとミトンズが、代わる代わる私の膝を占領。

夜一一時、ベッドで夫に腰と肩のマッサージをしてもらう。うーん、最高。そしていつの間にか、意識が途切れる。おやすみなさい。夜更かしは絶対しない。頭が冴えていないと判断が鈍り、それが動物の命を左右するからだ。

仕事に行かない日も、コンサルティングの仕事、動物愛護関係の執筆、Eメールの処理、それから、不定期に入ってくる翻訳や獣医関係の仕事をする。頼まれると、往診もする。仕事の合間に、スポットや猫たちと遊ぶ。気分転換によい。

また毎週一度、夜、着飾って、夫と一緒に静かな雰囲気のレストランに行くことにしている。仕事に育児にと走りまわっている中、こういう静かな二人だけのひとときは貴重だ。

もっと時間とお金があれば、もっと多くのペットを飼いたい。だが、犬一匹猫二匹の世話をするのが、現在の私には精一杯だ。いつかお金持ちになったら、そして退職したら、明日殺される運命の犬や猫をたくさんシェルターからもらってきて、そういう犬や猫と戯れながら一日中過ごすのが夢だ。

それまではがんばって、蟻《あり》のように働くしかないか。やれやれ。

私の部屋と愛猫グレイ

千分の一の奇跡

「HBC here!!!（交通事故が来たわよ）」

受付のレベッカの声が、突然、院内に響き渡った。

院内のスタッフ全員に緊張が走る。HBCとはHit By a Carのこと。交通事故だ。私は奥の手術準備室で犬の診察をしていたが、その犬を放り投げて、治療室へ走って行った。

一匹の大きなイエロー・ラブが横たわっている。急いで可視粘膜を見る。血の気はなく、真っ青だ。

呼吸、なし。心音、ゴワゴワという肺の音に紛れてかすかな心音が聞こえるが、相当な不整脈である。ショック状態で運ばれてきたものの、もう末期状態である。

直ちに人工呼吸を開始して血管と気管を確保し、ショック治療薬を投与するよう、テクニシャンに早口で言い、もう一度聴診器を当てる。心音なし。心停止だ。

私は治療テーブルの上に跳び乗って、蘇生マッサージを始める。一二三四五……。

三人のテクニシャンが、テキパキと気管チューブを気管に入れ、酸素を送り、静脈カテーテルを血管に入れ、乳酸リンゲル液を急速度で注入する。そして薬、薬、薬。心電図は、一直線のままだ。こういう緊急時は、一秒が命とりになる。全てが無駄なくテキパキと行われなくてはならない。

大きな犬である。八〇ポンド（約三六kg）くらいありそうだ。若い、未去勢の雄である。後ろ足から多少出血があるが、その他に、特に大きな傷は見えない。きっと腹部か胸部を強く打って内出血しているのかもしれない。打ったのは、頭部かもしれない。

いずれにしても、今は何とかこの止まった心臓を生き返らせなくてはならない。一二三四五……一二三四五……。

犬の大きな黒い瞳は、半分開いたままだ。私は全身の力を込めて、犬の胸を押す。重労働である。肩と腕が痛い。でも、止めるわけにはいかない。止めることは、この犬の死を意味するからだ。一二三四五……一二三四五……。

心電図は、相変わらず一直線である。血管には、全速力でリンゲル液が送り込まれる。一二三四五……。

五分が経過する。蘇生率は、五分を過ぎると急速に低下する。最初の五分が勝負だと言われている。ああ、だめかもしれない。この子は助からないかもしれない。処置を続けながら、誰もが生き返ってと心の中で思っている。

青ざめた中年のブロンド女性が、恐る恐る治療室に入ってくる。意識を失って横たわった犬とその胸を押し続ける私を見て、婦人は声を失った。獣医師のボブが、婦人から話を聴く。いつものように散歩をしていたら、何を思ったか、いきなり車道に飛び出したという。そのあまりにも突然の行動に、手に持っていたリードもするりと手から抜けたらしい。そして目の前で、車に正面衝突し、五フィート（約一・五m）ほど投げ飛ばされたという。

一二三四五……一二三四五……。ああ、肩が痛い。腕がしびれる。でも止めるわけにはいかない。汗と涙が混ざり合い、私の頬を滴り落ちてくる。

一〇分経過。一五分経過。私はひたすら犬の胸を押す。何かとても頑固なものと戦っている気分だ。無意識のうちに、「神様、お願い」と、心の中で祈る。遠い昔、秋の札幌で、冷たい風の吹く日に一匹の子犬を拾ったことがあった。

「うちでは飼えません」と言う母に、涙ながらに必死にお願いしていた自分。あの時の私がここにいる。

お願い、一生のお願いだから、と私は心の中でお願いする。お願いだから生き返って……。

二〇分経過。息が苦しい。肩と腕が折れそうである。一二三四五……一二三四五……。

婦人は涙を流しながら、首を横に振っている。生命力旺盛な若い健康な犬だ。まだ可能性はある。私は全身の力を振り絞って、犬の胸を押し続ける。三〇分経過。迫りくる絶望感と戦いながら、私は胸を押し続ける。

統計によると、交通事故に遭う犬のうち、八割は未去勢のオスだという。メスの匂いを嗅いで、一瞬、オスは本能的に車道に飛び出す。どんなによくしつけられた犬でも、あっという間に。

でも、私は思う。犬は悔しがっているのだ。若くして、楽しい〝犬生〟をまっとうしないで死んでいく自分を、きっときっと後悔しているのだ。しかも交通事故に遭ったのは、犬のせいではない。去勢手術という簡単な手術を怠った人間、それから去勢を勧めなかった獣医師の責任なのだ。だから私は、こうやって胸を押し続ける。心電図は直線のままだ。犬の鼻からどす黒い血が流れている。胸部出血しているのだろう。

その様子を見て、ブロンドの女性は涙で顔をぐしゃぐしゃにしながら、震える声で私に言った。

「...Let him....go...please...（もう逝かせてあげて……）」

敗戦布告だった。私は動作を止めて、犬から手を引いた。一瞬の静寂。婦人はそっと犬に近寄って抱きつき、大声で泣き出した。この時、犬は永遠に死亡した。

私はドクターオフィスに入って椅子に腰掛け、息をついた。とたんにどっと涙が溢れてきた。涙は後から後から湧いてきて、止まらなかった。テクニシャンのジュディスが、コップの水を私に手渡しながら言った。

「気持ちはよくわかるわ。でも最善を尽くしたのだから。しっかりしてね」

犬が死亡したことは悲しい。だけど私は、悲しく泣いているのではなかった。悔しいのだ。犬の命を救えなかったことが、悔しくて悔しくて仕方ないのだ。

以前誰かに、「動物が死ぬたびにそんなに悲しんでいたら、獣医として体も心ももたないよ」と忠告されたことがある。また、ある日本人獣医師は、

「蘇生マッサージをしたって、ほとんどは生き返らない。生き返ったとしても、数時間後に死ぬこともある。だから、そんなに一生懸命蘇生したって無駄」

と言っていた。私はそれに反対だ。不治の病で苦しんだり、老齢で衰弱している場合を除

き、特にこういう交通事故の場合、動物はみんな生きたがっているのだ。命はそれだけ、価値のあるものだ。そして、それを助けるのが私の役目だ。

心臓蘇生マッサージが成功して生き返る可能性は、統計では〇・一%。一〇〇〇回に一回だけ、動物は生き返る。ごくごくわずかな可能性だ。もし生き返ったら、それは奇跡と呼べるのかもしれない。

しかし、可能性がゼロではない限り、私はやはり蘇生マッサージを全身の力を込めてやり続けたい。死んで当然、どうせ生き返らないのだから、と簡単にあきらめるほど、命は軽くないのだ。それは一〇〇〇分の一のわずかな可能性にかけた、獣医師のロマンなのかもしれない。

不妊手術を行う著者

黄色いリボン

生後八か月のまだあどけないゴールデン・レトリバーだった。その犬を連れて母親と一緒に診察室に入ってきた娘は、一〇歳。

「私はジェニファー、そしてこれが私の犬のクライド」

と、娘はとても上品に自己紹介した。

クライドのジェニファーにぴったりと寄り添って座る姿や、おとなしくてよくしつけられた様子から、ジェニファーが毎日どれだけ時間を費やして世話をし、遊び、一緒に生活しているかが一目でわかった。二人の間には、断固とした信頼感と愛が存在していた。

クライドは、ここ一か月くらい、物にぶつかるようになったとジェニファーは言った。

「黄色のボールは見えるけど、青いボールは見えないの」

とジェニファー。ここまで細かく観察できる子は少ない。私はジェニファーの観察力に感心した。

まず、全身の身体検査。特に異常なし。次に、視力検査。診察室の中ではクライドは正常な視力であるが、明りを少し暗くすると転がるボールが見えない。まぶたや角膜、結膜には異常はない。瞳孔を開いて検眼鏡で網膜を調べる。やっぱり。網膜の血管が小さく萎縮している。両眼とも失明するのは時間の問題であった。

私の診察の一部始終を心配そうに見守っていたジェニファーは、おとなしく目の検査を受けたクライドをそっと抱きしめてキスをし、

「Good boy」

とやさしく褒《ほ》めた。

私は胸が熱くなった。こんなに美しくておとなしい犬の悲しい運命。それをこの少女に伝えなくてはならない。それは、無責任な大人が、純血種という動物を作る過程で広めてしまっている〝遺伝病〟という事実であった。

私はジェニファーの横に座って、目を見ながらゆっくりと話し始めた。

「ジェニファー、よく聞いて。クライドはね、目の網膜の病気なの。〝先天性退行性網膜疾患〟っていうんだけども、クライドはこの病気を持って生まれてきたの。少しずつ網膜が侵

されて、やがては失明してしまう病気なの。残念だけど、あと数か月で、おそらくクライドは完全に目が見えなくなるわ」

目は口ほどにものを言う。ジェニファーのヘーゼル色の目が一瞬驚きのために小さく揺れたかと思うと、深い深い悲しみの色に変わり、それからみるみる涙が溢れて、彼女の頬を伝った。こんな深い悲しい目を、私は生まれてから一度も見たことがなかった。

「ジェニファー、でもね、視力を失うことは死ぬことではないの。犬は、目よりも音や匂いの感覚が発達しているの。だから、目が見えなくても、ちゃんと生活することができるの。それに、この病気は全く痛みを伴わないの。それに……」

ジェニファーは、私の説明を遮って言った。

「もういいわ、ユウコ先生。診察してくれてありがとう」

そう言って立ち上がり、クライドと一緒に診察室をゆっくりと出ていった。後ろ姿の金髪には黄色のリボンが光っていた。

私はジェニファーの母親に、この病気は遺伝病なので、クライドを繁殖したブリーダーに連絡して、クライドの親犬はこの病気のキャリアであるから、これ以上繁殖に使用しないように話すよう勧めた。今からでも遅くはない。第二第三のクライドの悲劇は、もう作ってほしくない。

クライドにもジェニファーにも、その後一度も会っていない。一か月後に気になって電話した時、クライドはもうほとんど視力がないと、ジェニファーは淡々と話してくれた。その後、クライドとジェニファーがどうしているかは不明である。

しかし私は、あのジェニファーの悲しみの目を一生忘れることはないと思う。自分の子のように愛する犬が失明の宣告を受けた時、一〇歳の彼女にはその告知はあまりにも強烈であったに違いない。

あれから数年経つが、今でも若いゴールデンを診るたびに、そして金髪に黄色のリボンの少女を見るたびに、ジェニファーとクライドをふと思い出す。ジェニファーは、今では黄色のリボンよりもピアスの似合うティーンに成長したことだろう。やがて彼女が恋をし、結婚をし、郊外の一軒家に住んで子どもが生まれた時、果たしてジェニファーは庭で犬を飼うだろうかと想像した。

そして私は、なぜか妙な確信を持って、ジェニファーは、もう一生犬を飼うことはないと思うのだ。あのヘーゼル色の深い悲しみの目が全てを物語っていた。彼女は、クライド以外の犬は絶対に一生飼うことがない。私は、今もなぜか固くそう信じている。

国際派の身だしなみ

初めて平松ケンゾウ君に会った時、なんてかっこいい犬だろうと、一目惚《ひとめぼ》れしてしまった。ブラック・ラブ。御年八歳。黒い皮毛がつやつやと輝いている。東京の警察犬学校生まれ。ニューヨーク育ち。現在ロス在住。英語と日本語を巧みに理解するバイリンガル。北海道の田舎で生まれ育った私なんかとは比べ物にならない。洗練された都会派、国際派なのだ、ケンゾウ君は。

平松夫妻は、実によくケンゾウ君を世話していた。ワクチンやフィラリアの予防、歯石取り（カッコイイ都会派は歯のお手入れにも気を配ります）など、しばしばウィルシャー・アニマルホスピタルに来院していた。ビーチに行って軽い気管支炎になったとか、ペニスの先から少し分泌物が出たり（ケンゾー君のはまたデカいのだ！）とか、何か起こっても悪くなる前に迅速にやって来る。直ちに薬を処方すると、たいてい数日で治ってしまうのであった。

しかしケンゾウ君は決して過保護ではなく、平松婦人も食生活には特に気を付けており、高齢のラブラドル・レトリバーにありがちな肥満とも無関係で、人なつこく、かつ優しい性格の犬であった。

そんなある日、ケンゾウ君の直腸検査（指で触診）をすると、わずかに前立腺が肥大していた。残念ながら、ケンゾウ君は去勢手術をしていなかったのである。未去勢のオス犬は、男性ホルモンの影響で、晩年、前立腺が肥大し、尿道を圧迫して排尿困難を起こし、ひどくなると前立腺感染を招く。

ケンゾウ君の場合は肥大度一で、まだ排尿困難もなかった。前立腺肥大の治療法は、唯一、去勢手術をすることである。ホルモン薬を内服する療法は副作用も多く、またいずれ薬が効かなくなり、結局は去勢手術をすることになる。ケンゾウ君の場合、すぐに去勢手術をする方法と、三か月ごとに直腸検査をして肥大の進行具合を診ながら、肥大が悪化するようだったら手術をする、の二通りのオプションが考えられた。

平松夫妻は駐在員としての転勤が多く、引っ越しと手術が重なると大変だからということで、ロスにいる間に手術することを希望した。私の説明をしっかりと聞き、その数日後に答えを出すという、テキパキと気持ちのよいプロセスであった。

オス犬の場合、性成熟に達した大人の精巣は、血管も発達しており、手術時にどうしても出血が多くなる。いくら精密検査を術前に行っても、年齢に伴う内臓の機能障害の可能性もあるし、全身麻酔のリスクもそれだけ高くなる。生後数か月の若いうちに去勢手術が奨励されるのはそのためだ。

ケンゾウ君は、その一週間後に無事去勢手術を終えた。軽く麻酔の後遺症が出たが、大事に至ることなく、退院後は順調に回復した。平松さんは、

「ニューヨークでは去勢をしていない理由をよく聞かれたけれども、ケンゾウが小さい頃お世話になった東京の獣医は、何一つ去勢手術のことなど話してくれなかったから」

と、ちょっと後悔している様子だった。私も同感である。不妊去勢手術のメリットをきちんと説明するのが、獣医師の重要な役割だ。悪いのは無関心な飼い主ではなく、説明不足の獣医師だと思う。

その後、平松一家は再びニューヨークに転勤になり、暖かいロサンゼルスを去って行った。ケンゾウ君のピカピカと黒光りするタマタマはもうなくなってしまったが、去勢手術も国際派のエチケット。今頃、彼はより磨きのかかった熟年犬として、セントラルパークをさっそうと散歩していることだろう。

第二章

小さな命を救いたい

県動物愛護センターにて（てんしっぽ不妊手術基金撮影）

無責任な飼い主

火曜日は早番なので、朝一番に病院に向かう。朝七時。ロスの夏は、朝晩とても涼しくて清々《すがすが》しい。空気は澄み、鳥たちが元気にさえずる。うきうきした気分で駐車場に車を停め、コーヒー片手に病院の裏口へ向かう。ふと見ると、ドアの所に小さな段ボールが一つ、何か言いたげに置いてあるのが目に飛び込んできた。

もう長くこの仕事をしているので、勘《かん》は冴《さ》えている。一分一秒がものをいうのだ。どうかまだ生きていますように、と祈りながら大急ぎで箱に駆け寄る。ふたを開ける。きれいに敷かれたタオルにキャットフード缶が一つ。その横に、生後数日目の真っ黒の子猫が一匹横たわっている。慌てて子猫を手に取る。氷のように冷たくなった体。粘膜蒼白。ショック状態。

この涼しい気温の中、何時間くらい置き去りにされていたのか。急いで子猫の小さな小さな鼻に自分の口を当てて息を吹き込む。子猫は喘《あえ》ぐように口をゆっくりと開けて、苦しみもがくように息を吐いた。どうしよう、末期呼吸だ。あと数秒で、この子は死のうとしている。私は立ち上がると、人工呼吸を施しながら院内に駆け込んだ。ああ、もう駄目かも知れないと思いながら。

ただちに酸素を吸入し、気管チューブを挿入する。そこへ、アニマル・テクニシャンのアマンダが来たので、人工呼吸をしながら急いで事情を説明する。それから二人で分担して、処置を進める。頸静脈カテーテル留置、急速点滴。保温ベッド。救急用の薬物。デキストロース液の注入。胃カテーテルからの電解質液の注入。小さな小さな命だけれど、必死にがんばっているのだ。まだ死にたくない、と、必死なのだ。

テキパキと処置をしながら、私の目にはいつしか涙が溢れて頬を伝って落ちてきた。いったい人間は、何の権利があってこんな小さな動物を苦しめるのか。ペットはゴミでもなければ物でもない。心を持った美しい生き物なのだ。生き物を捨てる人間。自分で飼えないのなら、なぜ生ませたのか。なぜ、不妊手術という、簡単で責任のあることを怠ったのか。そして、生後間もないこの子は、母猫から引き離され、不安と恐怖に苦しみ、飢えと寒さに苦しみ、そんな死の底に突き落とされても、こうやって生きようと必死になっているのに。

「誰かがきっと大切に育ててくれるに違いない」と思って、動物病院の裏口に置いていくなんて、無責任もいいところ。こういう人は、死んだら必ず地獄に落ち、閻魔様《えんまさま》だか悪魔だかに拷問を受けて永遠に苦しむのだ。

子猫は、よくがんばった。数分後には血の気がうっすらと戻り、体温も少し上がってきた。カイロシロップを一滴口に入れた時、彼は初めて弱々しく鳴いた。もう大丈夫。よくがんばったね、チビ猫。私の全身の力がどっと抜ける。気がつくと、私は白衣さえ着ていない。もうあと一分遅かったら助からなかったことを実感し、そっと神に感謝する。

アメリカ人は、普通、子犬や子猫が生まれてしまって困った時は、安楽死をさせるために堂々と病院やシェルターを訪れる。時間をかけて餓死させるよりは、一気に薬で安楽死させる方を選ぶ。どちらの方法がよいかと聞かれたことがあるが、どちらもよくないのだ。捨てるくらいなら、いらないのなら、生ませるべきではない。人間は、それを予防する術を知っている知能動物なのだから。それができないのなら、初めからペットなど飼う資格はない。

段ボール法ならば万が一助かる可能性があるからか、日本人はこの置き去り法を好む。動物病院の前に置いておけば何とかしてくれるだろうと、他人に甘える。無責任もいいところだ。残念ながら、こうやって助かるケースはごくわずか。ほとんどの場合は、長い時間苦しみながら死んでゆく。朝一番に段ボールを開けて、冷たくなった動物の死体を見るのは、もうこりごりだ。

幸運猫ブラッキーは、その後、順調に回復し、ミルクですくすくと育ち、スタッフの一人であるドディーにもらわれていった。めでたしめでたし。そして先日、すっかり成長してむっちりと太ったブラッキーに再会した。深い緑色の目、黒光りする毛並み。垂れ下がるお腹。幸せそうな家猫そのものだった。だが、ブラッキーはいつも、段ボール箱を見ると怖がって逃げるのだという。

「彼は、段ボール箱にだけは絶対に近付かない」

と、ドディーはしんみりしながら私に言った。私は、ブラッキーを「よいこらしょ」と抱き上げて、あの時人工呼吸をした小さな黒い鼻に、軽くキスをした。運命というものに、ちょっぴり戸惑いながら。

愛する家族との出会い

グレイ。雑種猫、去勢済みオス、一〇歳。灰トラ色。

今から一〇年前、渡米直後の私は、アニマル・テクニシャンとして働いていた。そしてある日、診察台の上で無邪気に遊ぶ子猫と出会った。その子猫は、生後二か月の時に、アモキシシリンという抗生物質を服用し、その直後から強いアレルギー反応が出て瀕死状態に陥ったという。その後は一命を取り留めたものの、アレルギー性皮膚炎を併発し、体中の皮膚が腐ってボロボロと落ちる状態になった。その皮膚病も、治療の甲斐があって、ようやく治りかけた頃、

「もう経済的にも精神的にも、これ以上は無理」

と飼い主は言い、安楽死の承諾書にサインして、去って行った。

獣医師が安楽死用の注射器を持って入って来る。数秒後には殺される運命のこの子を、私

はどうしても見放せなかった。急いで子猫を抱き上げる。

「お願い、殺さないで。私が飼うから」

と、泣きながら言った私。

「この子はまだしばらく治療が必要なんだよ。それに、強いアレルギーの持ち主だから、将来は苦労するよ」

と言う獣医師。そんなこと、関係なかった。

その日から、私とグレイの生活が始まった。渡米直後のお金も時間もない苦しい生活も、米国獣医師免許の取得のために、血を吐く思いで必死に勉強した時も、グレイはいつも私のそばにいてくれた。何度もあきらめかけ、もう日本に帰ろうかと一人泣いている時も、グレイはその緑の優しい瞳で「がんばれ」と応援してくれた。少しずつ収入が増えて、アパートを引っ越すことが何度かあった。車の中に家財道具一式を山のように積みあげ、その一番上にグレイはちょこんと座っていた。

今ではグレイは皮膚病も完治して、美しい毛並みの猫になった。とても愛嬌があり、怖いもの知らずで、来客にゴロゴロとスリ寄る。頭脳明晰で、ドアを開けることなど朝飯前。また几帳面《きちょうめん》で優しい性格でもある。

ミトンズ。雑種猫、不妊済みメス、六歳。白黒。

生後一か月の時、兄弟三匹と一緒に箱に入れられ、捨てられた。そして、「オフィスビルの裏で拾った」と、動物病院に持ち込まれる。そのあまりにも小さくて愛らしい姿に胸がいっぱいになり、一匹だけ私が飼うことに。他の三匹も、無事にそれぞれもらわれていった。今は皆、どうしていることか。

彼女は、非常にシャイでわがまま娘。来客には、絶対に姿を見せない。そのくせ気が強くて、人のものを横取りするのが大好き。夜はちゃっかりと私の腕の中で寝る。生まれてから一度も病気をしたことがない。趣味は、昼寝と夜寝。

ミトンズ

スポット。ダルメシアン、去勢済みオス、推定七歳。
ノースリッジ大地震の数週間後、血だらけになりながら市内を徘徊《はいかい》していた。その時、極度の栄養失調状態と脱水症状に加え、外傷の数々。ふらふらになりながら辿り着いたのは、何と動物病院。誰かが病院のドアを開けた時に院内にするりと入り込み、そのまま3番診察室に直行。その場にうずくまった。

とりあえず、緊急処置をする。食べるものがなくて飢餓《きが》状態で放浪している時に、車にはねられたらしい。治療をするとみるみる回復し、おまけにすごい食欲。それにしてもラッキーな犬だこと。飼い主は不明。震災で死亡したのか行方不明になったのか、それとも捨てられたのか。私が引き取ることになり、スポットと名づけた。

それにしてもこのスポット、美男子だけども、しつけが全くなっていない。すぐに毎日二〇分間のトレーニングを開始した。みるみるうちに、おすわり、待て、ヒール（つけ）、よし、ダメ、歩け、静かに、をマスター。やればできるじゃん。彼もわが家の一員になってからは、すっかりと落ち着き、どこから見てもおっとりと優しいダルメシアンになった。猫や子どもが大好きで、特技はボール遊びと早食い。趣味は日向ぼっことクッションをかじること。

負傷した時に自ら動物病院に助けを求めてやってきたスポットの話を得意になってする私に、スタッフの一人が言った。

「いや、診察室に入る前に、まず待ち合い室の体重計に乗って体重測定をするべき。それを怠ったスポットは感心できないね」

捨てられるペットたちの悲劇

産婦人科医になった私の友が言っていた。

「子どもが欲しくてもできない人が世の中にこんなにたくさんいるとは、医者になるまで知らなかった」

また、福祉施設で仕事をしている友が言っていた。

「世の中にこれほどたくさんの障害者がいるとは思っていなかった」

どんな職業でも、プロになって初めて知る現実があるのだろう。

そして私の場合、世の中に、これほどたくさんのペットがあり余っているという事実を全く知らなかった。ペットを飼いたいと希望する人間の数に対して、圧倒的に多数のペットが生まれており、そのため需要と供給のバランスが崩れ、〝余った〟ペットは捨てられ、見放され、また保健所で処分されているのである。何の罪もない健康な子犬や子猫が、誰も飼ってくれないという理由だけで殺されてしまう。

その数は、日本の保健所で約六六万匹（一九九八年厚生省・総理府統計資料による）。アメリカのシェルターの場合は、推定一五〇〇万匹。日本の数字が極端に少ないのは、日本人は昔から、直接保健所などに持ち込んで処分を依頼するのではなく、山や川に捨てたり、神社や他人の家、あるいは動物病院の前に捨てる人が多いからである。行政の数字には表れなくても、その陰で多くの動物の命が〝抹消〟されている。

獣医師として仕事を開始し、まず驚いたのは〝安楽死〟の依頼の多さであった。過って生まれてしまった子犬子猫はもちろんのこと、誰かを噛んでしまったからといって持ち込まれるケース。新しいアパートに引っ越さなくてはならない、そこでは動物は飼えないというケース。他にも、自分に赤ちゃんが生まれるから、世話をしていたおばあちゃんが死んだから、猫アレルギーの彼と一緒に暮らすことになったから、一晩中吠えて近所から苦情が出たから、私の枕にオシッコをするようになったから、主人が仕事を失って経済的に世話をできなくなったなど、理由はさまざま。

もちろん、全ての飼い主が無責任なわけではない。中には必死に新しい飼い主を探したが見つからず、最後の選択を迫られる人も数多い。その現場に立ち合っていつも思うのは、愛するペットを安楽死させる人の気持ちは、当事者でなくては決して理解できないこと。どんなに気をつけても、人生には予測できない出来事が起きることがあるし、誰にだって間違いはあるのだ。

だが中には、残念ながらペットを使い捨ておもちゃと同様に扱う人がいるのは事実である。しかも、多くの安楽死は〝予防できた〟ものだ。不妊手術一つし、正しくしつけていたら、と後悔される場合があまりにも多い。

この悲劇を少なくするために、自分に何ができるかと考えた。せっかく苦労して獣医師になったのだから、このような〝捨てられる命〟を救うために何とかしたいと思った。それで、とにかく一人でも多くの人に不妊去勢手術の重要性を訴えた。しつこいくらい不妊手術を勧めていると、手術をしてお金儲《もう》けをしたいのだと疑う人もいた。そんな時には、不妊去勢手術をすることで予防できる、社会的、医学的、行動学的及び遺伝学的なメリットを時間をかけて説明するようにした。不妊去勢手術をし、正しいケアをして、しつけをきちんとすることで、多くの安楽死は予防できるということを必死に訴え続けてきた。だが悲しいことに、多くの人は、特に日本人は聞く耳を持たない人が多い。手術の安全性をいくら強調しても、

「でも一〇〇％の保証はないんでしょ。痛いんでしょう？　かわいそうだし」

と、消極的だ。

しかし、たとえ私が不妊去勢手術を寝ないでやっても、そんなことで人口過剰問題は解決できるものではない。全国の獣医師が毎日せっせと不妊手術をするスピード以上の速さで、犬や猫は子どもを生み続ける。一度に複数の子を生む犬や猫は、文字どおりネズミ算式に子孫を増やせるのだ。一部の無責任な人が子を生ませ、「うちのハニーちゃんにも一度くらい子を生ませてみたい」と興味だけで出産させる人がおり、ブリーダーがどんどん犬猫の人口を増やし、そしてそれを高額で購入する人がいる。こうして、ペットの数は増え続ける。

不妊去勢手術は、そういう意味からすると、病院や獣医師の利益に関係なく、社会のためにもっと普及されなくてはならないと思う。できるだけ値段を安くして、より多くの市民に利用してもらうのが理想だろう。「うちは動物にそんなにお金をかけられない」という人が多いのも事実なのだから。しかし、動物病院も一つのビジネスなので、ある程度は利益を上げなくては成り立たない。そこにこの問題の難しさがある。

だが、アメリカの動物病院では、不妊去勢手術やワクチンはなるべく低料金で提供し、少しでも多くの市民に利用してもらおう、という認識が広がっている。動物病院の利益は、もっと他の分野、例えば骨折修復の手術とか、病気の動物を治すことから得ている。そういう病気の治療こそ、獣医師としての腕の見せ所でもあるのだから。

そしてアメリカには、行政が経営している「市民動物病院」や、動物愛護団体が経営している病院がある。これらの病院は、利益を目的としていないので、不妊去勢手術やワクチンは非常に安価だ。アメリカの公共の病院やアニマルシェルターは、犬や猫の飼い主が毎年支払う登録料が、主な収入源になっている。市民が納める税金が、このような公共サービスとして還元されているのだ。日本の場合、犬の飼い主が支払う「登録料」は、どこで誰が使用して、どのような形で飼い主に還元されているのであろうか。登録料の多くが、実は保健所で過剰動物を処分するのに使用されてきた事実を多くの日本人は知らない。

前述のように、アメリカでは不妊去勢手術が安く、手軽にできるシステムが揃い、ロサンゼルスでは不妊去勢手術の普及率が七〇～八〇％という数字が出ているにもかかわらず、それでも安楽死は後を絶たない。毎日数え切れない程の命が〝余っている〟という理由で、殺されているのだ。

ペットの人口過剰の悲劇は、獣医師だけで解決できるものではない。全ての飼い主が責任を持って不妊去勢手術をし、獣医師、ブリーダー、ペットショップ、トレーナーやグルーマーという、ペットと関わる人たちが皆協力して取り組まなくてはならない問題だ。

安楽死と殺処分。これはペットにとっては、癌よりも、交通事故よりも、老衰よりも何よりも一番多い死因なのだ。そしてこの死因を作り出しているのは、何の罪もない動物を安楽死という病気で殺している、まぎれもない私たち人間社会なのだ。同じように生まれた命なのに、一方では飼い主に大切に育てられ、もう一方ではゴミのように捨てられる。その差をおかしいと感じるのは、私だけではないはずだ。

小さな命を捨てないで

アメリカに比べて日本は、まだまだ不妊去勢手術が普及していない。したがって当然のごとく、ほしくもないのに不本意に生まれてしまう子犬や子猫の数が多い。そしてこれらの子犬子猫は、捨てられる結果になる。日本には、この〝捨て子〟が恐ろしく多い。

犬や猫を捨てる方法は、大きく分けて二種類ある。誰か優しい人が拾って育ててくれるだろうというわずかな可能性を夢見て捨てる方法。それから、初めから殺すことを目的として捨てる方法。前者の場合、確かに保護されて生き延びるラッキーな場合があるが、それはごくごく少数にすぎない。ほとんどの場合、動物は母親から離された不安と恐怖に脅えながら、長い時間をかけて空腹と寒さに苦しみながら死んでゆく。また初めから殺そうと思って捨てても、うまくいかずに長く苦しむ場合も多い。どちらの方法も十分動物虐待と言えよう。

日本での忘れられない思い出がある。段ボール箱に入れられ、捨てられていたという二匹の猫が病院に持ち込まれた。生後二か月くらいのトラ猫だ。ころころと太って毛艶がよいことから、つい最近まで母猫のもとでたっぷりとミルクを吸って育っていたことがわかる。

「今さっき、うちの裏でみつけたんだけどね。先生、かわいそうだから殺してやって下さい」

と、段ボールを抱えて、その人は私に言った。

ひどい悪臭がする。子猫の目と鼻の部分には、びっしりと〝ウジ〟がたかっていた。目の中にもウジがびっしり、眼球など、とっくになくなっていた。口の中にもウジがびっしり、喉をふさぐようにウジが動いていた。耳の中もお尻の部分にも、ウジがびっしりたかっていた。ウジは容赦なく皮膚をかじり、その下の筋肉をかじり、血を吸って成長していた。子猫は、その地獄のような痛みにじっと耐えながら、弱々しく息をしていた。

またある日は、

「先生、これ。歩いていたら、子猫の鳴き声が聞こえたの」

と、子どもが差し出したのはお茶を入れる茶筒であった。ゴミステーションに捨てられていたという茶筒を開けると、六匹の子猫がびっしりと詰め込まれていた。子猫は手や首の骨が折れて死んでいるのが二匹。あと四匹は瀕死状態。それでも母猫のおっぱいを探すように弱々しく鳴いていた。長い長い時間、茶筒の中で子猫は酸欠と飢えと寒さと戦っていたのだ。

朝、病院に出勤すると、〝ジンギスカンのたれ〟と書かれた段ボール箱がドアの前に置かれていたこともあった。そっと中を開ける。きちんとタオルが敷かれている。ドライのドッグフードが数個。小さな皿にはミルクが。生後数日というこの子犬を捨てながら、きっと誰かがもらってくれると考えたのだろう。でももう遅い。三匹の子犬は、すでに冷たく固くなっていた。飢えと寒さに苦しみながら、時間をかけて死んだのだろう。恐ろしいくらい怖い死に顔をしていた。

お願いだから、犬や猫を捨てないでほしい。捨てられた動物は皆、苦しみながら時間をかけて死んでゆく。子どもが生まれる前に不妊手術をしてほしい。でももし、何かの間違いで生まれてしまったとしても、捨てるのだけはどうかやめてほしい。責任を持って飼ってくれる人を見つけてほしい。

たったひとりのボランティアＡＬＦＡ

獣医師の自分に何ができるかと考えた。目の前の病気の動物を救い、不妊去勢手術をする以外にも、もっと何かできないかと。そして私は、ローカルな動物愛護団体に所属し、不妊去勢手術のパンフレットを作ったり、キャンペーンを催したり、里親探しを手伝ったりするようになる。まだ日本にいた一九八六年頃のことである。

八九年には、獣医師のいない小笠原の島で、山に捨てられた猫が野生化して過剰繁殖しているという事実を知り、ボランティア獣医師として島に派遣された。そこでは、何頭ものノラ猫を捕まえて不妊去勢手術をし、また野生に返すということをした。初めての試みで大変であったが、この方法は現在アメリカで、ＴＮＲ（trap-neuter-release）法といって、ノラ猫のコロニー管理法として広く定着している。当時私たちは試行錯誤の中で、このような方法を一つひとつ実施していった。

そんなわけでアメリカに渡ってからは、多くの日本人から「不妊去勢手術は、アメリカではどう普及しているのか」「ノラ猫はどうしているのか」「里親探しはアメリカでは誰がしているのか」というような質問をたくさん受けた。自分でもアメリカから学ぶ事が多くあり、アメリカの動物の福祉に関する情報を日本に提供することができたらと思い、たったひとりでニュースレターの発行を始めた。

そしてこの活動に、アニマル・ライフ・フロム・アメリカ（Animal Life from America）の頭文字を取り、アルファ（ALFA）と名づけた。一九九一年のことであった。渡米間もない当時の私は、アニマル・テクニシャンとして仕事をしており、お金も時間もない状況でのスタートだった。

また、さまざまな動物愛護団体から集めた資料を読み進むうちに、アメリカの動物愛護運動が、環境問題やベジタリアン問題も含んだ非常にグローバルな視点で活動していることを知り、深く感銘を受けたこともニュースレターを書く原動力となった。そして、日本からの反響も大きく、いつの間にか、レターの購読会員は二〇〇人を超えていた。

ＡＬＦＡを始めてからは、「アメリカでは、これはどう治療するか」という日本の獣医師からの問い合わせや、自分のペットの病気や治療に不安を持つ多くの飼い主からの相談を受ける機会が増えていった。〝セカンドオピニオン制度〟が定着していない日本の場合、掛かり付けの獣医師の治療に不信を抱いても、他に相談する人はいない。そのため、こういう相談は非常に感謝されたのである。

初めはボランティアとして無料でファックスの質問を受けていたが、そのうち数が増えすぎていよいよ時間が足りなくなり、また、アメリカの獣医師免許も取得した後は、プロとしてのアドバイスなのだからと料金を設定することにした。だが、残念なことに、有料にした後は無料のころに比べて相談件数はぐっと少なくなってしまった。

もう一つ、意外と多いのは、進路に関する相談だ。まだ一七歳くらいの高校生が、将来獣医師になりたい、でも動物実験をするのが怖い、と一人悩み、一〇枚に及ぶ手紙をくれるのである。また、獣医大の学生から同様の悩みを打ち明けられたこともあった。獣医師になって代診として勤務しているが、日本の徒弟制度に、もううんざり、どうしたらアメリカで獣医になれるか、という類の相談も未だに頻繁にやってくる。進路や職業選択というのは、その人にとっては大きな問題である。特に感性の強い若い子たちの気持ちは痛いほど伝わり、そのたびに時間を割いて返事を送った。

だが、九六年ごろから、だんだんとニュースレターを書くのがおっくうになってきた。というのは、アメリカの生活が長くなり、日本の現状が徐々にわからなくなってきたからだった。せっかく新鮮なアメリカの情報をと思っても、「日本でも結構一般的になってきてるよ」と言われたりして、がっかりすることが多くなったのだ。アメリカの情報を送るには、日本の現状を知らなくてはならない。そのジレンマに苦しむようになり、解決策として定期的なニュースレターに代わり、不定期に動物関係の資料集を発行することにした。現在までに、「不妊去勢手術」「犬の遺伝病」「ノラ犬・ノラ猫を保護したら」「動物の整形手術」「安楽死」という各テーマについて、獣医師という専門的な立場から、アメリカの現状を紹介しながら執筆し、どれも非常に良い反響を得ている。

私自身こういう執筆活動はとても好きだ。動物虐待問題やペットの人口過剰問題に敏感な人たちが、特に高い関心を示してくれる。そしてそういう人たちが、ローカルグループのリーダーとして、さらに多くの人たちに広めてくれる。こうやって、一人でも多くの人がこの問題に関心を示してくれ、一人でも多くの人が不妊去勢手術をしてくれ、不幸な動物が一匹でも多く救われるのなら、そんな素敵なことはない。

そんなわけで、相変わらずお金も時間もない私であるが、仕事と育児の合間はいつもコンピュータに向かっている。動物愛護関係、獣医関係、進路関係の質問や悩みに答え、「がんばって」と応援する。ローカルな動物愛護活動団体の会報に執筆を頼まれることも多い。こういうのはできる限り引き受けるようにしている。皆動物のためにがんばっている仲間なのだから。その他、犬猫の雑誌、獣医の専門雑誌、週刊誌などからも時々頼まれる。こういう小さな記事でも、一人でも多くの人の目に触れることができ、そしてそれが動物の幸せにつながるのならと、忙しさの中でなんとか時間を作っている。

ボランティアというと、大袈裟かもしれない。でも、何でもいい。自分にできる小さなことをしたいと思えば、誰にでもできることはあると思う。時間のある人は、実際に動物を保護したり、里親探しをしてほしい。時間がなくてもお金が少しあれば、それを愛護団体に寄付するだけでもいい。友人や知人に不妊去勢手術を勧めることだってできる。

そして何より、もし状況が許すのであれば、保健所やシェルターに行き、明日殺される運命の犬や猫を引き取ってほしい。一匹でも多くの〝殺される運命〟の命を救ってほしい。たった一匹の命は、年間何十万、何百万という殺される命からするとあまりにも小さいかも知れない、が、たった一匹でも、尊い命には変わりないのだから。

獣医師になるには動物実験が必要か

日本の一八歳の浪人生から、一通のEメールが届いた。

「私は、小さい頃から獣医師になるのが夢でした。でも獣医大学では、生きた動物を殺す実験が必須であり、それをしないと獣医師にはなれないと聞きました。私は動物が好きで、どうしても獣医師になりたいのです。でも、動物を殺すことなんて絶対にできないと思います。どうしたらいいか迷い、夜も眠れません」

動物を救う医者になるために、動物を殺さなくてはならないというのは、確かに矛盾している。若い子が悩むのも当たり前だ。

全世界的な傾向として、動物実験にどんどん代替法が用いられるようになってきている。アメリカの獣医大や医大でも、希望すれば生きた動物を用いない代替法を選択できるようになってきた。生きた動物の代わりに使用するダミー人形やモデル人形、コンピュータシミュレーションなど、洗練された代替法が数多く開発、実用化されているからだ。

だが残念ながら、日本では代替法はなかなか取り入れられていない。「代替法では本当の医療を学べない」という意見が多いが、同時に大学内のさまざまな内情から、新制度を取り入れるのが難しいという日本独特の文化のせいもあると思う。私自身、国立大学という教授中心の保守的な人たちが多い中で、代替どころか実験の細かい方針まで上から指図され、泣く泣く動物実験をしなくてはならなかった。今でもそれは、心の奥の傷となって残っている。

獣医大学四年生の時、私の修士論文の実験レポートを一通り見終わってから、おもむろに助教授は言った。

「君の実験計画は、これで全部かね」

周りでは、先輩たちが無言で自分の実験をしていた。私は、この計画で十分に論文が書けるだけの実験データが出せるということ、二年間という限られた期間ではこれが精一杯であるということを説明した。助教授は私の説明を黙って聞いていたが、もう一度レポートをめくりながら言った。

「つまり、もっとマウスを使ってくれないと困るんだよね。翌年からの予算が削られるから。

せめてこの三倍くらいにできないかい」

獣医師になるのは、それほど簡単ではなかった。まず、大学に入学するためのハードな受験勉強。入学してからも、講義と学習、レポートに追われる毎日。獣医師の国家試験の受験資格を得るためには、自分で実験して修士論文を書き上げるのが必須である。その修士論文が教授会で審査され、合格してやっと国家試験を受けることができた。もちろん国家試験のためにも猛勉強の日々。晴れて獣医師免許を手にした時は、嬉しいとか感動とかいうよりは、「やれやれ」と息をついたというのが本音だった。

獣医師を志す人は動物好きな人では、と想像できる。しかし、現在の日本では、獣医師になるためには、基礎や臨床の学習で動物を使った実験をしなければならない。それは、獣医師免許を手にするための必須事項なのだ。私自身を振り返ってみても、確かに動物を使った実習、実験は心が痛んだ。動物を救う人間になるために、動物を殺すことを強制されている気がした。しかし、正直言って選択の余地がなかった。初めは「かわいそう」と声を出していた学生たちも、講義、レポートと時間に追われる生活に疲れて、「スムーズに実験が終わる」ことの方が重要になっていくようだった。

これら一連の動物実験が、本当に獣医師を養成するのに必要なことであるのなら、意義があるかもしれない。しかし残念ながら、その大部分は、必要がなかったり、削減できたり、代替法で十分だったり、大学の制度を改善することによって省くことができるものだったと思う。たとえば、生理学の基礎実験は、教科書に書いてあることの確認のためのもので、ビデオやコンピュータで十分学習できたはずだ。外科の骨折の実習は、「保健所からの払い下げの犬」の足を折って使用し、最期は処分（安楽死）するというものだった。よくなついていた払い下げ犬も、毎週施行される手術と、あまりよくない飼育環境のため、しだいに痩せ衰え、性格もいじけて、哀れな最期を遂げていた。しかし、大学病院や一般の開業獣医の所での研修制度を充実させることで、苦痛に喘ぐ犬を減らすことができただろう。

アメリカの多くの大学病院では、免許を取得する前の獣医学生が、教授の監督のもとで診療を行っている。一般の開業獣医より診療費が安く、広く地域の住民に親しまれている。結果として大学病院には、不妊去勢手術をはじめ、ケガや病気の動物が溢れて、学生たちは保健所の犬を苦しめることなく、技術を修得している。学生に診てもらうのが不安な人は、多少高くても一般開業獣医に行っている。

日本には、診療費が高いといって、自分の犬猫に不妊去勢手術をしない人、病気の動物を獣医に連れて行かない人がたくさんいる。大学病院がもっと地域住民のために機能できれば、そのメリットは住民と学生の両方にあるだろう。

犬や猫の医者だけが獣医師ではない。大動物と呼ばれている家畜、動物園などの他にも、保健衛生関係、屠畜場関係、製薬関係、研究所にも獣医師が必要とされている。現在の大学教育制度では、これら広範囲の知識を均等に獣医学生に教える仕組みになっている。そのため、犬猫の獣医師になる学生も培養細胞を無菌的に操作する実習をし、研究者になる学生も猫の去勢をしなければならない。学生はそれゆえ、一生のうちで二度と使うことのない技術の実習を実にたくさん獣医大学でやらされることになる。

もし、学生をいくつかの専門コースに分けてカリキュラムを組むことができれば、それぞれの専攻に沿った実験、実習を行い、使用される実験動物の数も劇的に節約できるはずだ。自分自身を振り返ってみても、神経伝達の実験で殺した犬や、培養細胞のために殺したマウスなどは、現在犬猫の臨床をやっている私には、どう考えても〝不必要〟な実験だった。犠牲になった動物のことを考えると、未だに申し訳ない、やるせない気持ちになる。

また大学の中で行われている実験は、必ずしも教育的な必要性があるものばかりではない。文部省に対して、実験や実習に必要な予算案を提出している以上、金銭的な問題が付いてまわる。将来性のある躍進的な研究を行っている講座には、大きな予算がおりる。一度予算が削られると、翌年の予算確保が難しくなるので、現在の予算を維持するよう努力する。私の実験計画に対して、助教授が、マウスをもっと多く使用するようクレームをつけたのは、言うまでもなく講座の予算確保を心配したからである。

いったい世の中で、どれだけの数の動物たちが、研究という名を借りた〝予算獲得〟のために殺されていることだろうか。人間社会のつまらない制度のために、犠牲になっていることだろうか。世間に対しては、科学のため、医学のため、あるいは教育のためと言い訳ができても、研究室の中ではやはり人間同士がさまざまなしがらみと戦っており、いつも犠牲になるのは、話すことのできない動物たちなのだ。

「申し訳ありませんが、必要以上に動物を使うつもりはありません」

私は、思い切って口にした。助教授の表情が、一瞬ムッとした。実験室の先輩たちは、自分の実験を続けながらも、私たちの会話に聞き耳を立てていた。国立大学では未だに上下関係が厳しく、教授を先頭にした縦の関係が絶対的だ。学生の私が、助教授の指摘に対して否定的な意見を言ったことは、常識では考えられないことだった。それでも助教授は、二、三の改善箇所を指摘し、それ以上は何も言わなかった。

私の所属していたその講座は、二〇人余りの教員、学生で構成されていたが、当時私は唯一の女性だった。後日、助教授は、「だから女は扱いにくい」と他の学生にこぼしていたそうだ。まだまだ日本は、男性中心社会だと思った。

そして私は、予定の三倍のマウスを使うことなく無事に論文を書き上げ、卒業することができた。論文自体はあまり上出来ではなかったが、犠牲にする動物を最小限にくい止めるよう努力をした。後日、後輩が、「西山先輩を見習って、僕も少ないマウスで実験します」という手紙を送ってくれた。小さな努力でも徐々に浸透していけば大きな力になる、と私は信じている。

将来、研究者や医者、獣医師を志している方、動物実験が嫌いだからと進路を迷っているのなら、あえてその道をめざすようお勧めしたい。動物実験を減らしていくことができるのは、法律でも政府でもなく、研究室の内側からであると思うからだ。問題意識のある人がもっと研究室に入り込んで、まず自分で、少しでも改善の方向へ動かしていくべきだ。目に見える成果が現れなくても、それは次代の動物実験のあり方を示すものになる。

アメリカのいくつかの獣医大学では、「嫌がる学生に動物実験を強制するのは、学生の権利に違反する」と主張する学生たちが、大学を相手に裁判を起こして勝訴した結果、動物を殺すことのない実習が、カリキュラムに取り入れられるようになった。この運動は全米の獣医大学に広がっており、動物実験が必須でない獣医大学が次々と誕生しているのだ。

制度を改革しているのは、政府でも大学教員でもなく、若い学生たち自身なのだ。動物に対して〝かわいそう〟という当たり前の感情を持っているやさしい日本人の若者たち、どうかその問題意識とエネルギーで、実験室の中から改善して下さい。実験動物を救えるのは、日本を動物虐待国から動物福祉国へ転換できるのは、あなたたちでしかないと思う。

第三章

絶望、そして再出発

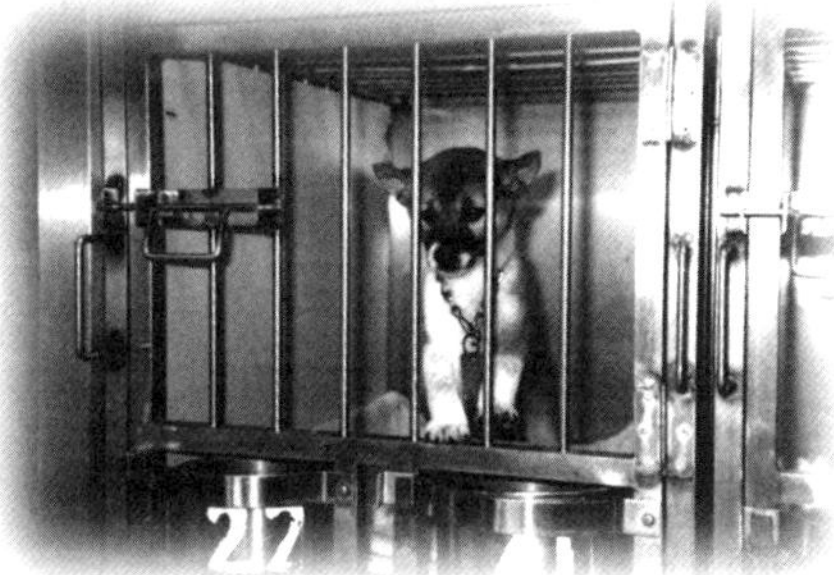

県動物愛護センターにて（てんしっぽ不妊手術基金撮影）

獣医師をめざして

私は昭和三六年、札幌に生まれた。公務員の父と主婦業の母、一歳年上の姉の四人家族であった。贅沢《ぜいたく》こそできなかったが、両親は私の好きなことを自由にやらせてくれた。元来動物好きの私は、小さい頃から、犬、猫、ウサギ、ハムスター、小鳥、金魚など、いろんな動物を飼うことができた。もっともそのほとんどは、ノラを拾ってきたり友だちから分けてもらって、嫌がる母を無理やり説得したものであったが。

北海道は当時、大都市と違ってのんびりしており、私は学習塾というものに通ったことがない。学校でちゃんと授業についていければ、受験だって大丈夫と気楽に構えていた。その分、中学・高校はテニスに熱中し、のびのび生き生きと青春時代を過ごした。ちょうど共通一次試験が始まり、今から思うと、日本という国が受験大国という間違った方向に進み始めた頃だったように思う。

本当は四年で卒業して早く就職するよう両親から強く勧められたのだが、私はどうしても獣医学部（修学期間六年）に進みたかった。小さな命を救うことができる、動物のお医者さんになりたかったからである。

今でも私の脳裏から消え去ることがない子猫たちの顔、姿がある。麻袋に入れられて海に投げ捨てられた子猫。捨てた人は多分、数分で子猫は死んだと思っているだろう。だが私が浜辺で見たのは、水びたしになり、手足がふやけ、舌を出しながら大きな口を開けて必死に呼吸をしている子猫のかたまり。カラスが麻袋を突き破り、苦しみもがく子猫の腹をつつき、内臓をほじくり食べる。内臓を食べられながらも猫はまだ生きていた。口を開けて、まるで母猫のおっぱいを探すように、首をゆっくり振りながら。長い長い時間をかけて、子猫はゆっくりと死んでいった。

私が北大に入学した春、両親は転勤で北海道を離れていったが、私は一人札幌に残った。家からのわずかな仕送りでは生活が苦しく、そのためアルバイトと勉学の両立に苦労した大学時代だった。大学では、午前中は講義、午後は夜まで実験や実習が続く。その後は図書館で調べものをしたりリサーチをする時間が必要で、夜は自分の所属する講座で自分の卒業論文用の実験をする。アパートに帰るのは早くても一二時一時で、帰宅してからやっとレポートや宿題を始める。明け方ようやく眠りにつき、翌日はまた朝から講議という生活。しかも学期ごとに試験があり、夏休み、冬休みも返上して実験室に閉じこもらなくては実験は進まなかった。自炊どころかスーパーに買い物に行く時間さえまともにない生活で、しかも仕送りだけではどうしてもやっていけない。家庭教師やラボでの実験アシスタント、塾の講師から通信教育の添削まで、とにかく少しの時間を見つけては生活費を稼いだ。

大学五年と六年目には、大学病院の診療もしなくてはならない。犬猫のケージの清掃から犬の散歩、投薬、食餌の世話などをやった。ある日、入院している犬の食餌用に飼い主が置いていった袋を開けたら、チーズやゆでたささみ、ロースハムが入っていた。私にはもう何年も口にしたことのないごちそうだ。誘惑に負けて、誰もいない入院室の中でこっそりと盗み食いをしてしまった。そのくらい貧しい生活をした時代だった。暗い入院室の中で盗み食いをしながら、ああ、早く一人前になってちゃんとした食事がしたい、と心の底から思った。

獣医大での試練

獣医大学の内部では、動物実験が行われている。学生たちは、実験用の動物を殺すことを強いられる。生きた動物を殺して実験し、レポートを書き、合格点を得て初めて単位が取得できる。実験に参加しないと単位は取れない。単位が取れないと卒業できない。卒業できないと獣医師になれない。それゆえ、動物実験で動物を殺すことは、獣医師になるための必修事項であった。

私を含めた多くの学生にとって、動物実験は〝しぶしぶ行ったもの〟であった。それは実験用の白ネズミやウサギであったり、また保健所から払い下げされてきた犬や猫の時もあった。学生たちは皆、生きた動物を殺すことに多かれ少なかれ疑問を抱いていたし、反感も持っていた。単純に、生き物を殺すことは気分の良いことではなかった。その苦悩は、実際に動物を自分の手で殺さなくてはならない状況に立って初めて理解できるものだった。

だがその疑問を教官や大学幹部に申し出ることもなければ、実験をボイコットする学生もいなかった。政府が細かく定めたカリキュラムである。学生が立ち上がって動物実験反対と訴えても、門前払いを食わされるのは目に見えていた。それより、学生たちは皆、毎日次々とこなさなくてはいけない実験、試験、レポート、論文のことで頭がいっぱいだった。下手に教授を怒らせてへそを曲げられて不合格点でももらうものなら、再試になったり、追加レポートを書かされたりして面倒なことになる。

そんなことになるくらいなら、嫌でも目をつぶって動物実験をし、無事に単位をもらいたい、と誰もが思っていたように思う。そのくらい余裕のない大学生活を強いられていた。

動物実験には、さまざまな種類があった。生理学や薬理学の実験は、いわゆる基礎獣医学の実験で、マウスや犬、カエルなどを殺し、筋肉が電極に反応したり、薬物が作用する様子を観察した。細菌学、伝染病学では、生きている子犬を殺して腎臓の組織から培養細胞を分離したり、多くのマウスを使って統計的なデータを取る実験をした。

外科実習では、保健所から払い下げられた犬を使い、腸管の縫合手術、断耳断尾手術、腎臓摘出術、脾臓摘出術、眼球摘出術、骨折修復手術など、毎週一つずつ行い、最期は殺処分となった。術後に痛み止めを投与するなどという贅沢は許されず、寒い犬舎の中で、世界で一番安くてまずいドライフードを与えられ、犬はみるみる痩せ細り、すっかり人間不信になり、人間の姿を見るたびにブルブルと震えていた。

この犬たちは、かつてはペットとして飼われていた動物である。どういう理由で保健所に入ったのかは知る由もないが、一度は人に愛され、人を信頼し、人に向かって尾を振っていた犬たちである。当時私は、せめて保健所の払い下げではなく、実験動物用に繁殖された犬を使えないものかと思ったが、逆に言えば、保健所にはそれだけ多くのペットが持ち込まれ、殺される運命の犬があり余っているということだった。

動物を救う医者になるのに、何で動物を殺さなくてはならないのか。なぜこのような動物虐待とも思われるようなことをしなくてはならないのか。矛盾していると強く思った私は、酒の席で、この疑問を教授にぶつけてみた。教授の答えはこうであった。

「獣医師は、動物の医者というプロだ。患者である動物に感情を移入し、かわいそうと思っていては仕事にならない。時には動物を物として扱うくらいの強い精神力が要求される。動物実験は確かに過酷かもしれない。でもそれは、将来医者というプロになる君たちにとっては、いい教訓となる。かわいそうとか、痛そうとか、そんな幼稚な気持ちを上手にコントロールできるようになりなさい。動物実験は、そのためにも必要なのだ」

あれから二〇年近く経つが、私は獣医師になってから今まで、動物を物として扱ったことは一度もない。毎日かわいそう、痛そうという気持ちを持ち続けて仕事をしている。そしてそれを誇りに思っている。かわいそうという気持ちを持たない獣医師がいるとすれば、それはプロの獣医師として失格だと私は思う。

いずれにしても、当時の動物実験の苦痛、苦悩は、現在でも忘れることはできない。私の心の中の深い傷となって残っている。その頃の私は、「この一匹を殺す代わりに、将来獣医師になったら、もっともっとたくさんの動物の命を救ってあげることができる。だから、ごめんなさい、許して」と心の中で謝りながら動物を殺した。一匹殺せば一〇〇匹救えるという理論は、明らかにおかしい。でも当時は、そうでも思わなければとてもやっていけなかった。

現在アメリカでは、動物を一匹も殺すことなく、獣医大学を卒業して獣医師になることができる。「動物実験をしたくない」という旨を申し入れると、代替法を使って単位が取れるからだ。世界的に動物実験は減少、縮小される傾向にある。特に基礎獣医学の実験は、ビデオやシミュレーター、コンピュータでも十分に学ぶことができる。外科実習にも、ダミー人形や自然死した動物の死体を積極的に取り入れられるようになった。全米で優れた代替用の教材が豊富に市販されている。本当にうれしいことだ。

いつしか、「獣医大学内部で学生が動物を殺す」というのが、遠い過去の出来事になる日が来ると私は信じている。

「冗談みたいな話だね、でも昔はそうだったんだね」と言われるようになる日が、一日も早く来てほしい。

新米獣医の日々

晴れて獣医師国家試験に合格した私は、獣医師免許を手にし、ある個人開業医のもとで働き始めた。母はようやく一人前になったと泣いて喜んだが、代診、インターンというのは名ばかりで、実際には院内の雑用係であった。新米獣医は、手術は勿論のこと、診療に手を貸すことさえ許されず、院内の清掃から犬の散歩、食餌の世話、電話の応対、院長のお茶汲みまで何でもやらされた。

「医は医術、忍を持って学ぶべし」という態度で、大学で何を学んでこようが関係なしとばかりに、指導さえほとんどない。「何も知らないのだから、上の人がすることを黙って見て、技を盗んで一人前になれ」「院長直々に教えをいただくには、五年はかかる」とか何とか。二〇世紀も終わろうというのに、そこには過去から続く徒弟制度が、歴然と存在していたのだ。何てこった。

後で知ったのだが、アメリカではこれが全く違う。アメリカの獣医大の教育が実践力のある臨床医を育成するカリキュラムになっていることもあるが、獣医師免許を手にしたら、その日から、一人の医者として診察、手術をする。もちろん初めは、経験も自信もなく、同僚の獣医師のアドバイスを必要とするが、それでも基本はあくまでも一人である。年上の院長や先輩獣医師たちも、新卒を一人の獣医師として扱うばかりか、逆に大学で先端知識を学んできたことを尊重し、最新の治療アプローチなどを新卒から学ぼうという姿勢さえある。

だが日本では、獣医学という基礎知識をしっかりと大学で学んだ新卒を、まるで何もわからない下っ端の弟子扱いし、時には意図的に虐《いじ》めるということさえある。そういう閉鎖的な医療を続ける限り、開かれた診療はもとより、急速に発展する世界レベルの医療に追いつけるはずがない。

命の優先順位

その日も多忙な日で、院内は皆フル回転で仕事をしていた。院長と代診の一人は難しい犬の手術をしており、副院長と私ともう一人の代診は、次々にやってくる外来と治療に追われていた。そこへ長尾さん（仮称）の奥さんから電話がかかってきた。

「うちのクリスのシャンプー、もう終わったでしょうか」

長尾さんは病院の大のお得意さんであった。マルチーズのクリスちゃんのシャンプーとつめ切り、耳の掃除のため、毎週必ず来院していた。その上、目やにが出た、咳をした、昨日は大便が出なかった、などと言っては、頻繁に病院を訪れていた。とても裕福な家庭の方のようで、スタッフには頻繁に差し入れをし、上品で愛想のよい婦人であったが、気に入らないことがあると、すぐに機嫌を損ねるタイプの人でもあった。

朝にクリスちゃんを預かった時は、一時には帰せることを伝えた。だがこの忙しさで、クリスちゃんのシャンプーは延び延びになり、「三時までには終わらせるようにする」と謝ったのであるが、三時半を過ぎても全く手が付けられていない状態であった。院内には極度に脱水した猫、輸血中の犬、手術を終えたばかりの犬など、もっと重篤な動物がたくさんおり、健康な犬のシャンプーなどやっている場合ではなかった。

そこへ再度、長尾さんからの電話である。今度は、副院長が自ら電話に出て謝った。長尾さんは明らかに不機嫌になっていた。

「五時にはお茶の先生との会合があるので、四時半に迎えに行きます。それまでに絶対終わらせておいて下さいね」

ときつく言われたのであった。

副院長の命令で、私は犬の輸血を一時中断し、先にシャンプーをすることになった。と、その時である。意識不明の猫を抱えて、一人の男性が駆け込んできた。

「この猫、ぼくの猫じゃないんだけど、そこの通りで車にはねられていました。まだ息をしているから、ここに連れてくれば助かるかと思って……」

小柄で灰色に汚れたキジ猫だった。意識不明の状態である。飼い猫かもしれないし、ノラ猫かもしれない。胸部を強く打たれたらしい。外部出血はしていないが、明らかに呼吸困難であった。私は男性にお礼を言って、猫を抱えて奥の診察台に運んだ。粘膜蒼白のショック状態であるが、心音はしっかりしている。緊急処置をすれば、助かる可能性は大いにある。私は急いで気管チューブを猫の気管に挿入しようとした、その時であった。副院長が私の頭上から怒鳴ってきた。

「そんな猫は放っておいて、さっさとシャンプーしなさい！」

猫をそのまま診察台の上に放置したまま、私はクリスちゃんのシャンプーを始めた。どう考えてもおかしいではないか。ここは、動物病院。そこに救急処置が必要な猫がいるのに、獣医師である自分は、マルチーズのシャンプーをしている。

確かに一方はお金持ち婦人のお得意さんの動物、そしてもう一方は飼い主不明の動物だ。でもそれが何なのだ。誰に飼われていようと、命の価値は同じはずだ。猫は助からないかもしれない。でも助かるというわずかなチャンスがある。助けてあげたい。

長尾婦人には、ちゃんと事情を説明して、今日はシャンプーできませんでした、と謝ったらどうだろうか。本当に動物を愛する人なら、事情を理解してくれるのではないか。私はシャンプーの泡にまみれながら、そっと自分の涙をぬぐった。

猫はその後、近代的な医療設備がびっしりと詰まった病院の中で、何もされずにひっそりと息を引き取った。長尾さんはまだ少し湿っぽいクリスちゃんを抱いて、かなり不機嫌に帰って行った。

この時私は、下の人が上の人の意見に絶対的に従わなくてはならず、口答えすることさえ許されないという制度は絶対に間違っていると思った。判断が難しい状況になった時、せめて複数の人たちで話し合うシステムがないと、それは医療の質の低下、あるいはモラルの低下さえも引き起こすのではないか。後になって知ったのだが、アメリカでは、こういう状況の時は迅速に話し合って決断するということが、日常的に行われている。そして、動物病院に飼い主不明の瀕死動物が運ばれてきた場合、アメリカでは、必要最低限の緊急処置を行い、動物の命を救う努力をする義務があるのだ。それを怠ることは、獣医師としての違法行為であると法律に明確に謳《うた》われている。

しかし当時の私は、そんなアメリカの法律など知る由もなく、ただひたすら、上の人の命令に口答えしないで従っていた。今から思うと、この頃から私の心の奥深くで、日本社会に対する不信感の灯が燻《くすぶ》り始めたように思う。だが、そのために自分が将来日本を去ってアメリカに移住するとは、この頃は夢にも思っていなかった。

ある事件

一九八九年、獣医師会が主催する全国規模の学会のため、私は名古屋に来ていた。全国の獣医大学の教授や教官が中心になって、さまざまなトピックスの講演が開催される。どうしても聴講したかった私は、勤め先の院長に無理やりお願いして、三日間だけ休みをもらったのだ。

私は、この学会で新しい知識を吸収できることに胸を踊らせて名古屋入りした。さすがに第一線で活躍する人たちの話はすごい。私は目を皿のようにして、食い入るように講演者の話に聞き入った。

学会二日目。私は学会会場で旧知の人と再会し、食事に誘われた。断わるのは失礼と思い彼の誘いに応じた。

結果からいうと、あの時私が彼と食事を共にしたことは大きな間違いだったことが後から判明した。すし屋ではインテリ紳士の顔をしていた彼は、その後、一人の「男」に豹変した。彼は私の意思を全く無視し、文字どおり力だけを利用して、私の体を奪った。それは、男女平等の教育を受け、男と女の間には優劣の差などない、と信じていた私にとって、生まれて初めて味わう敗北感であった。悔しくて悔しくて一人声を上げて泣いた。

だが少なくともこの時点では、私の心は傷ついていなかった。このまま泣き寝入りするのはあまりにも悔しい。私は彼を裁判で正式に訴えることにした。それは、被害者として当然の権利であると思ったし、罪を犯した彼は法律で罰せられるべきだと思った。

ところが訴訟はそう簡単に行うことができなかったのである。それは、手続きが難しいとか、訴訟費用がかかる、などという事務レベルの問題ではなかった。私や彼をとりまく全ての人が、裁判に反対し、示談にまとめるように勧めてきた。彼としては、裁判で公になって信用を失うくらいなら、お金で解決できる示談のほうが絶対に有利だった。

だが、私はお金がほしかったのではない。彼に法の裁きを受けてほしかったのだ。私は示談を断わり、何とか訴訟するよう必死になって東奔西走した。だが、彼のほうは私にプレッシャーをかけ、頭から私の行動を抑圧し、防御したのだった。彼らが恐れていたのは、「表沙汰になる」ことだけであった。一人の女性の感情など、初めから頭になかった。そして、日本では事実上「偉い人、社会的に地位のある人」を訴えることすらできない事実を思い知った。日本という閉鎖的で権力主義の社会に打ちのめされた気がした。そしてこの「訴訟騒動」の過程で、私の心は深く傷ついていったのだった。

淋しかった。悲しかった。いったいこの挫折感は何なのだろうか。私は何に苛立っているのか。それは、権力絶対主義、学歴主義、肩書き主義、女性蔑視、性に対する特別視、こういったものを抱えながら誰もが平然と、誰もが当たり前と思っている状況に対する嫌悪感であった。そしてそれらがやがて絶望感に変わり、どうせ誰も私の気持ちはわかってくれないだろうと思うようになった。

また、私は動物が好きで、動物を救いたくて獣医師になったのに、何もできない現状にも絶望していた。動物が好きでありながら、何一つできない獣医師。子どもの頃のあの夢はどこに消えてしまったのか。

毎晩一人で酒を浴びるように飲んだ。ウイスキーをがぶ飲みしても酔えなくなり、薬がほしくて精神科に通うようにもなった。別に眠れなかったわけではないが、睡眠薬とウイスキーを同時に飲むと、酔って熟睡するまで一時頭の中がからっぽになる快感を知った。この頃、七年間つきあっていたボーイフレンドに別れを告げられた。別に彼は私が性的被害に遭ったことを嫌っていたのではなかった。その後挫折して落ち込み、酒と薬に溺れた生活をし、会うたびに暗く悲しい顔をしている私に愛想を尽かしたと言われた。性的屈辱を受けても、ボーイフレンドに振られても、酒と薬に溺れても、翌日には何でもない顔をして仕事に行く。そんな生活を続ける気力はもうなかった。もう泣く気力も、何をする力も残っていなかった。

そしてその夜は当然というようにやってきた。酒と薬でもうろうとした頭で、私は引き出しを開けて手術用のメスを取り出して、しげしげと眺めていた。獣医大の二年の時に解剖実習のために買わされたメス。このメスは実験用のシカの頸静脈《けいじょうみゃく》を切り、ニワトリの頸《くび》を切り、マウスを切り裂いたものである。そして数えきれない数の犬と猫の手術にも使用してきた。命を救うこともあれば奪うこともしてきた道具。私はその時心の底から、私がこの手で、このメスで命を奪ってきた動物たちに申し訳ないと思った。あの命は結局今となっては、無駄でしかなかった。

右手にメスを持ち、自分の左手首の血管を一気に切った。鮮血がどっと流れ出てきた。手術中に過って血管を切って血がどっと溢れる様子とそっくりだ、と思った。そしてすうーっと眠るように意識が途絶えて消えた。

再出発—アメリカに渡って

「Oh, shit!」

私は犬の乳腺腫瘍の摘出手術をしていた。バイオプシー（組織検査）の結果は、第二度の悪性の癌。今回の手術では、癌である塊はもちろん、それに付随している健康な組織を少なくても一・五センチ、それにその部分の乳腺、及び鼠径部《そけいぶ》のリンパ節を全部摘出しなくてはならなかった。

アメリカ生活も一〇年になり、とっさの時に口に出てくる言葉も英語になってしまっていた。軟部組織の下に巧妙に隠れていた血管を過って切った途端に勢いよく鮮血が噴き出し、思わずこういうスラングが口に出てきたのだ。（下品な言葉ですみません！）

しかし今なお、手術中に噴き出す鮮血を見るたびに、あの夜の自分の血の色が鮮明に蘇り、一瞬恐怖のために心臓が凍えるのである。

手術後、私は文字どおり血まみれになっていた。手術用のマスク、手術用メガネ、手術用ガウン、みな噴き出た血で赤く染まっていた。私はマスクを外して、椅子に腰掛けてふーと大きくため息をついた。犬の状態のモニターはテクニシャンがやってくれる。取れる部分はとにかくできる限り取った。

「癌細胞が全部取れましたように」「犬が順調に麻酔から回復しますように」と心の中でそっと神に祈る。コーラを飲んで一息ついていると、ひろこさんが近づいてきた。彼女はうっとりとした目で私を見つめて言う。

「先生、手術ご苦労様でした。でも先生ホントにすごーい。かっこいーい。いいなあ、私も英語さえできたら、アメリカで獣医したいなあ」

ひろこさんは日本の某私立獣医大学を卒業し、二、三年どこかで代診をして嫌気がさし、貯まったお金でロサンゼルスにやってきた女性だ。六か月の間ホームステイをしながら英語を勉強し、日本に帰ってからは英語を生かして獣医臨床をやりたいとはりきっている。でもアメリカでは獣医師免許はもちろん、労働ビザさえない。そのためボランティアと称してウィルシャー・アニマルホスピタルに入り浸っている。といっても一日中他人がやることを後ろ手を組んで眺めているだけ。若い子っていうのはやる気があっていいけれど、妙にシャイな面もある。わからないことは後からこそっと私に日本語で質問してくる。英語は自分で話して使わなくちゃ上達しませんよ。

「私も英語さえできたらアメリカで働きたい」。実に多くの日本人獣医師からこの言葉を聞かされた。その度に私は、渡米してきた当時の、あの一人っきりの暗い時代を思い出す。


目が覚めたら病院だった。左手首に巻かれた白い包帯を見たとき、ふと、アメリカに行こうと思った。消えかかる意識の中で昔のボーイフレンドに電話したなんて、最低だと思った。人生をやり直さなくてはならない。誰も知らない所で、たった一人、生まれ変わってやり直したい。

日本という国はもう御免だった。年功序列も、女性差別もない自由な国アメリカ。

そう決めたら急に意欲が湧いてきた。お金もなく、誰一人知っている人もなく、もちろん英語だってろくに話せない。そんなむちゃくちゃな状況での決心であった。

一九九〇年、三月一五日。私はロサンゼルス空港に降り立った。たった一人、スーツケース一個。晴れた青い空に眩しい太陽。高く茂る椰子の木。心の中はむしろさっぱりとしていた。これから私は一人で生きるのだ。ここでは日本の獣医師免許も通用しない。北海道出身、北大獣医学部卒業、二八歳独身、そんなことどうでもいいのだ。ユウコという一人の人間でしかない。これからが本当の勝負なのだ。

天使の住む町

ロサンゼルスはスペイン語で〝天使の住む町〟という言葉に由来している。いつか天使は私に微笑んでくれるのだろうかと、暗いアパートで英語の勉強をしながら何度も思った。

ダウンタウンのリトル東京の安アパートに落ち着いたものの、何もかもが難問難関の連続だった。まず仕事を探さなくてはならないが、誰一人知っている人もいなければ、どうやって探し始めていいのか見当さえつかない。英語もカタコト程度。第一、観光ビザで入国しているので、合法的に仕事をするには労働ビザを取らなくてはならない。とにかく英語が話せなくてはどうにもならないと思い、積極的に英語で話し、新聞雑誌を真剣に読み、テレビを食いつくように見た。

動物病院の仕事なら、掃除でも何でもいいからやりたいと思い、ロス中の病院に履歴書を送り、手当たりしだい電話して求人していないか聞き回った。大抵は「ノー」であったが、中には、

「大変ね、あそこの病院なら求人しているかも」

と丁寧に他院を紹介してくれる人もいた。そういう小さな親切がとても心に沁みた。そうして、たまたまバレー地区の動物病院でアシスタントを必要としているという情報を得て、面接を受けた。思うように話すことはできなかったが、一人で日本から来た獣医師に賭けてみる気になったのだろう。二か月間の試験的雇用をオーケーしてくれた。気に入ってくれたら、その後は正社員として雇い、労働ビザのスポンサーになってくれるように話をつけた。

その二か月は、私にとって一生忘れることはないだろう。ケネルの掃除から洗濯、獣医師やテクニシャンの手伝いなど、どんなことでも積極的に仕事をした。だが何より、スタッフの皆がとても好意的に応援してくれたのに驚いた。英語を教えてくれるのは勿論、日用品を安く売っている所を教えてくれる人、一人じゃ寂しいでしょうと家族ディナーに誘ってくれる人、いらなくなった日用品や古着をごっそりとくれる人。そういう人としだいにうちとけて楽しく仕事をした。

私は日本での病院勤めの経験から、血液採取や静脈カテーテル留置など、もともと細かいテクニックには自信があったので、そのうち獣医師やテクニシャンから認められ、「採血に失敗したから、ユウコにやってもらおう」と頼られるようになった。そして仕事の後は、アパートに帰って一人必死に英語を勉強した。夜寝る間も惜しんで辞書をめくった。そして二か月後には無事アシスタントとして正社員になり、続いてカリフォルニアのテクニシャンの試験を受けた。英語の専門用語を徹夜で勉強し、合格点ギリギリながら受かって、公式なアニマル・テクニシャンになった。

それから、「ユウコはよく働く」「よく気がついてスタッフとも仲良くやれる」「それにテクニシャンとしての技術も優れている」「獣医としての基礎知識も持っている」と認められるようになり、機会があるごとに、どんどんプロモート（昇進）されていった。それは、単純にうれしいことだった。がんばればがんばるだけ報われる。努力した分、給料がどんどん上がる。単純明解。そこには、外国人や女性という偏見も差別も全くなかった。アメリカの合理的でオープンな職場に私はひどく感激した。

それからの数年間は私の人生の中で、もっとも楽しく輝かしい時であると同時に、もっとも真剣に勉強をし、努力をした時期といえる。私は、水を得た魚のように生き生きと楽しく仕事をし、全精神を集中して力の限り勉強した。労働ビザを取り、永住権を取り、アメリカの獣医師免許試験を受けて米国獣医師の資格を取った。書くのは簡単だが、一つひとつが苦労の塊だった。特に米国獣医師免許のための勉強は、日本の受験の比ではなかった。獣医学というのは、母国語の日本語で勉強しても難解な学問である。英語を母国語にしているアメリカ人が受けても難しい試験を、彼らと肩を並べて受けるのである。正直言って、何度も挫折しそうになった。声も出なくなるまで、体力の限界まで勉強をしても、試験に二度三度と落ちる。悔しくて悔しくて声を上げて泣く。でも、結局は誰のせいでもなく、自分の力不足にすぎないと悟り、さらに勉強をした。米国で獣医師免許を取得するには、国家試験の他に、実技試験とアメリカの大学でのインターンもこなさなくてはならなかった。それらは確かに大変であったが、何の差別もなく、実力で勝負する世界は実に気持ちがよかった。

私は帰国子女でもないし、ごく普通の田舎育ちの日本人である。英語ができてうらやましいと言われるたびに、英語は努力して勉強したんだと言い返す。アメリカの獣医師免許を持っているなんてうらやましいと言われるたびに、勉強して試験に受かったからと言い返す。今の若い子たちに伝えたいのは、他人を妬む前に自分で努力してほしいということ。いい歳をしていつまでも親の仕送りを受けるのではなく、自分の足で歩いてごらん。

一度は人生をあきらめて死のうとした私が偉そうに言うのは間違っているのかもしれないが、だからこそ私は今、自分の半生を振り返って思う。生きることって楽しい。がんばることって気持ちいい。人生に不可能という文字はないのだ。

あきらめて自分に適当な言い訳をする前に、死ぬ気で本気でがんばってほしい。まずは親から離れて、一人で住むのもいい。うるさい人が多いのなら、違う町に引っ越すのもいい。仕事や職場が嫌なら、転職すればいい。そして私のように、日本を飛び出すのもいい。見えない何かに縛られていないで、一歩前に踏み出してほしい。そうすれば、誰にも、天使が降りてきて微笑むのだと信じたい。

第四章

不妊・去勢手術Q&A

——不幸な命をなくすために

現在日本では、ペットの数が圧倒的に余っている。私は獣医師であると同時に、動物を愛する人間の一人である。そして、何の罪もない健康で愛らしい子犬子猫たちが、誰にも飼ってもらえないという理不尽な理由で、毎年何十万匹も殺処分されている事実に胸を痛めている。

〝不妊去勢手術〟は、動物の人口過剰問題を解決する大きな糸口になっているということを知ってほしい。しかしながら、日本人にとって〝不妊去勢手術〟は、情緒的な要素が関与するため、手術はやはりかわいそう、自然に反する、メスであれば一度は産みの喜びを経験させてあげたいと思う飼い主が多い。けれども、動物の健康やしつけ面、命の尊厳を考えた時に、絶対に必要なことだと断言したい。

また、私は獣医師として、多くの飼い主から、不妊去勢手術の副作用への不安や、麻酔の事故に関する問い合わせを受けてきた。それらも合わせて、特に多い質問について、いち獣医師として、いち動物愛護家として、いち国際人として、回答したい。

Q1　不妊手術とは何ですか?

犬や猫の〝避妊、去勢〟とは、どういう手術でしょうか。

A　不妊手術とは、オスやメスの生殖能力を奪ってしまう手術です。

まず初めに、〝不妊手術〟という言葉について明確にしておきたいと思います。日本語では、メスの手術を〝避妊手術〟と広く慣用されています。しかし、避妊というのは元来人間の医学から来た言葉で、妊娠を避けるという意味であり、これはある一定の期間妊娠できなくするものをいいます。人間でいえば、コンドームやピルの使用などで、一定期間妊娠を避けるものを指します。それゆえ、避妊という言葉には、将来はリバースして妊娠が可能になる可能性を示唆しています。

これに対して不妊というのは、永久に生殖能力を奪ってしまうことをいいます。メスの卵巣子宮全摘出手術、オスの睾丸摘出手術は、永久に繁殖することができなくなるので、不妊と呼ぶべきです。この不妊という言葉は、メスだけではなく、オスにも共通するものです。ですから、オスもメスも獣医学的には、不妊手術という言葉を使用するべきです。しかし、日本ではオスの手術については、古くから去勢という言葉が慣用されています。これはもともと大動物（馬など）を専門とする獣医師の間で用いられていたものが、ペットにも使用されるようになったものです。私個人としては、この去勢という言葉の語感が強烈で好きではありませんが、本書では誤解を避けるため、メスは不妊手術、オスには去勢手術という言葉を使用しました。将来的には、これらの手術は、オスもメスも〝不妊手術〟と呼ぶべきだと考えています。

Q2　なぜ不妊手術が必要ですか？

なぜ犬や猫に、不妊手術が必要なのでしょうか。ペットや飼い主にとっても、メリットがあるのですか。

A　捨てられる不幸な子犬子猫を作らないことができ、また、ペットの病気や〝悪い行動〟、遺伝病蔓延を防ぐことができます。

〝不妊去勢手術〟は、全ての犬や猫に奨励できます。子を生むメスだけではなく、オスにも、雑種だけではなく純血種にも、また食餌だけ与えているノラ猫（外猫）にも、必要であると考えられています。その理由は、大きく四つ挙げられます。

① 人間の数に対して、ペットの数が膨大にあり余っています

日本でもアメリカでも、年間何十万何百万匹という犬猫が、単に〝飼ってくれる人がいない〟というだけで、安楽死、あるいは処分されています。毎年多額の税金が、保健所やシェルターで動物を殺すために使用されているのです。

犬も猫も、一回の出産で複数の子を生みます。二匹の猫が、年に二度五匹の子を生み、その子らが同様に五匹ずつ生み続けるとすると、五年後には九七六万五、六二五匹になります。すなわち、不妊手術をしていないと、たった二匹の猫が五年後には、実に一千万匹近くに増えているのです。年に二度、多頭出産する犬や猫は、文字どおりネズミ算式に子孫が増えてしまうのです。一方人間は、日本を含む先進国では少子化が進み、人口増加は頭打ちになっています。そのため、ペットの数とそれを飼う人間の間の需要と供給のバランスが崩れ、ペットの人口過剰が恐ろしく深刻化しています。健康でかわいらしい、何の罪もない犬や猫が〝誰も飼ってくれる人がいない〟という理由だけで多数殺されているのです。これは深刻な社会問題です。

ペットは、室内で飼育していても脱走することがありますし、何らかの事情で他の人に譲る時が来るかもしれません。〝間違ってできちゃった〟という事態になる前に、また性成熟に達する前に、不妊去勢手術をし、もうこれ以上増やさないようにしなくてはなりません。

② オスもメスも、不妊去勢手術をすることで多くの病気を予防できます

一〇〇％予防できない場合でも、病気の症状を和らげたり、長期治療がしやすくなる場合が多々あります。アメリカでは、動物が生後六か月に達する前に、不妊去勢手術を医学的視点から奨励することは獣医師の責任であり、これを怠ると医療過誤になるとされています。詳しくは、Ｑ４をご参照下さい。

③ オスもメスもさまざまな〝悪い行動〟を予防、緩和することができます

吠える、噛み付く、遠吠え、あるいはテリトリー意識から来るマーキング（尿スプレー）や脱糞などを予防緩和し、おとなしくて飼いやすいペットになります。また屋外に出る猫の場合は、なわばり争いから生ずる猫どうしの喧嘩が減り、ノラ猫（外猫）に蔓延しているウイルス性疾患が伝染する確率が減ります。

往々にしてこれらの問題行動は、一度生じてしまうと、不妊去勢手術をしても治りません。性成熟に達する前に不妊去勢手術をすることで、この多くを予防緩和できます。私たち人間は、隣近所に迷惑をかけずにエチケットを守ってペットを飼わなくてはなりません。そういうルールを守れないペットは、残念ながら、人間社会に適合できずに泣く泣く安楽死させられるのが現状です。

日本でもアメリカでも、成熟した犬や猫が、保健所、シェルターで安楽死させられる原因のトップは、この〝問題行動〟なのです。不妊去勢手術をすることで、ペットがおとなしく飼いやすくなり、他人や飼い主に迷惑をかける可能性がぐっと減るのです。詳しくは、Q5をご参照下さい。

④ 遺伝病の蔓延を防止できます

現在、犬や猫には恐ろしい数の遺伝病が蔓延しています。その多くは劣性遺伝病で、病気の遺伝子を持ちながら、外見は何の症状も示さない〝キャリア〟と呼ばれている犬猫です。同じ病気のキャリア動物どうしが交配して子どもをつくると、その子にその遺伝病が発症します。現在わかっているだけで、犬の遺伝病は四〇〇種類以上、その数は毎年急速に増えています。アレルギーや股関節形成不全症は遺伝性疾患の一種とされています。

最近、アレルギーや関節炎の犬猫がやたら多いと思いませんか？　これらは皆、無責任な人たち

が遺伝病のことを調べないで、勝手に繁殖をした結果なのです。詳しくは、Q9をご参照下さい。

以上のような理由を並べると、何も手術をしなくても、他の方法でもよいと反論する人がいます。確かに人口過剰を改善するには、手術ではなく、絶対に交配させないという方法でもいいわけですし、ホルモン薬のチップの埋め込みでも代用できます。吠えたり噛みついたりするのは、きちんとしたしつけとトレーニングを積めばいいかもしれません。

しかし、安全性、有効性、確実性、経済性、効果の持続性、便宜性というさまざまな面から考えて、現時点では不妊去勢手術に優るものはありません。これだけ多くの医学的、行動学的なメリットがあり、遺伝病を含む多くの病気を予防、緩和するのです。生後数か月の時に費やすちょっとした手術費が、その動物の健康と社会に与える価値は計り知れません。

Q3　なぜ生ませてはいけないの？

今年三歳になる雑種犬のモモは、今までに三回、子犬を生みました。私はその度に里親を探し、皆大切に飼われています。また、子犬とのふれあいは、小学生の子どもの情操教育に役立ち、生命の神秘を理解する上でも重要なことだと思います。

A　人口のあり余っている動物を、教育の名のもとでこれ以上増やす必要はなく、本当の教育とは、命の大切さを教えることです。

確かにあなたの家で生まれて貰われていった子犬は全員大切に飼われ、幸せな生活を送っているかもしれません。しかし、飼い主の方は、もしあなたの子犬を里子に貰わなかったら、保健所に行って殺された犬の命を一匹救うことができたはずです。自分の家で生まれた犬の命と引き換えに、保健所のガス室で小さな命が抹消されたという事実を認識して下さい。たった一度だけ、たった一匹だからという甘えもあります。しかし、この一回きりが集まって何十万何百万という数字を作っているのが現実です。どうか視野をもっと拡げて〝あり余るペットの現状〟を認識して下さい。

また、犬は生涯にわたって、年に二回複数の子を生み続けますが、その膨大な数の子犬の里親を探すことは不可能ではないでしょうか。

人間の子どもの情操教育、性教育のために、わが犬に子を生ませる親もいます。教育用の教材が不足していた戦後ならともかく、現在は教育用の本、テレビ、ビデオ、CDロム、インターネットなどありとあらゆる教育情報が入手可能です。これらの教材では満足できないのであれば、田舎や牧場に実習に行かせるとか、動物園やサマースクールのプログラムに参加させるという方法など、多数の選択が可能です。何も自分の犬をあえて繁殖実験の材料に使わなくても、子どもが生命の神秘を学び、体験できる方法は、他にたくさんあるのです。人口のあり余っている動物を教育の名のもとでこれ以上増やす必要はありません。

本当の教育とは、命の大切さを教えることです。親がきちんと動物の世話をし、不妊手術をして、責任と愛情を持って動物を飼う様子を見ながら、子どもは〝動物への愛と責任感〟を学びます。それができない人は、動物を飼う資格も子どもを育てる資格もないと思います。単に子どもが喜ぶ様子を見たいのであれば、生き物ではなく、おもちゃを買い与えてください。

Q4　不妊手術で病気が予防できるの？

わが家の八歳の愛猫チョビは、子宮蓄膿症や乳腺腫瘍などを患い、ここ二、三年病気ばかりしています。外に出さないで飼っていたので、不妊手術はしていません。手術をしておけば防げた病気だと聞き、ショックを受けています。本当ですか？

A　不妊・去勢手術は、多くの病気を予防できます。

不妊・去勢手術は、多くの病気を予防、あるいは緩和することが医学的に証明されています。したがって、動物はより健康により長生きできます。

メス犬の場合（一部リスト）

・子宮蓄膿症、子宮内膜炎の予防

・肉芽腫性子宮内膜疾患、子宮癌、卵巣癌の予

防

・乳腺腫瘍、乳癌の発生率が低下する
・出産に伴う産科疾患の予防
・産褥性子癇の予防
・出産分娩に関する事故死を予防
・偽妊娠（想像妊娠）の予防
・膣脱症の予防
・伝染性生殖器腫瘍の予防
・ブルセラ病感染のリスクの減少
・アトピー性アレルギー疾患の緩和
・アカラス症（毛包虫症）の緩和
・脂漏性皮膚症の緩和
・慢性外耳炎の緩和
・糖尿病の緩和
・クッシング病（副腎皮質機能抗進症）の緩和
・アレルギー性慢性気管支炎の緩和

〝子宮蓄膿症〟は、子宮の感染症です。四歳を過ぎたメス犬で、発情が来たにもかかわらず妊娠しなかった犬に多発します。発情時に子宮の内膜は妊娠に備えて準備をするわけですが、いつまで待っても受精卵がやって来ないと、その影響で子宮内部は異常に感染しやすくなり、膿が形成されて子宮蓄膿症となるわけです。子宮に膿が溜まると、そこから毒素が血流を通して全身に広がり、急性毒性腎疾患や敗血症、急性心筋症といった全身性の病気になり、治療をしないとほぼ確実に死亡します。抗生物質の投与だけでこの病気は治りません。治療法は唯一、手術で子宮と卵巣を摘出することですが、毒素が全身に回っている場合は、麻酔のリスクも高く、手術をしても麻酔や手術の合併症で死亡する確率が高くなります。子宮と卵巣を取る手術ということで、不妊手術と基本的には同じ手術なのですが、健康な状態で行う不妊手術とは大きく異なり、子宮蓄膿症の手術は術後の合併症も多く、長期にわたる入院や投薬、ケアが必要です。

〃乳腺腫瘍〃は、女性ホルモンの影響を大きく受け、主として四歳以上の中高齢の犬に多発します。乳腺腫瘍のうち五〇％は悪性腫瘍（癌）で、肺、肝臓、脾臓といった内臓や骨に転移してやがては死に至ります。あとの五〇％は良性腫瘍で転移することはありませんが、腫瘍が大きくなったり感染したりすると、手術で切除しなくてはなりません。また、一度乳腺腫瘍が発生すると、他の乳腺にも次々と発生する傾向があり、その都度五〇％の割合で癌である可能性が出てきます。

臨床統計によると、二度発情期を迎えた時に不妊手術をすると、将来の乳腺腫瘍の発生率を四分の一に、一度発情期を迎えてから不妊手術をしても発生を一二分の一に下げることがわかっています。さらに、初回の発情を経験する前に不妊手術をした場合には、この乳腺腫瘍の発生率が何と二〇〇分の一にまで下がります。癌は、命を奪う最も恐ろしい病気の一つです。その発生率をこれほど低下できるのですから、不妊手術の恩恵は非常に高いと言えます。

もちろん、子宮と卵巣を除去するので、生殖器の癌や疾患を予防することができます。発情や交配に伴う疾患（膣脱症など）も予防できます。

また最近、多くのアレルギー性の病気、慢性の皮膚病などが、発情といった〃内因性のストレス〃と関係が深いということがわかってきました。メス犬にとっては、六か月毎にやってくる発情がストレスとなり、体内の微妙なバランスが崩れ、それが慢性病を悪化させる一要因になっていると指摘されています。

メス猫の場合（一部リスト）

・子宮蓄膿症、子宮内膜炎の予防
・肉芽腫性子宮内膜疾患、子宮癌、卵巣癌の予防

・乳腺腫瘍、乳癌の発生率が低下する
・出産に伴う産科疾患の予防
・出産分娩に関する事故死を予防
・猫乳腺肥大過形成症候群の予防
・持続性発情の予防
・ウイルス性疾患（猫白血病、猫エイズなど）の感染リスクの減少、発病予防、症状の緩和
・アトピー性アレルギー疾患の緩和
・糖尿病の緩和
・アレルギー性慢性気管支炎の緩和

メス猫の場合も犬と同様、不妊手術をして卵巣と子宮を摘出してしまうと、卵巣や子宮の腫瘍や子宮蓄膿症、子宮内膜疾患を予防することができます。また、妊娠・出産に関する病気や事故も防ぐことができます。

猫に発生する乳腺腫瘍のうち、九〇％が悪性腫瘍（癌）です。悪性腫瘍は、乳腺から容赦なく内臓に転移し、肺、肝臓、腎臓、腸管といった重要な臓器を次々と侵します。癌が全身に転移すると、恐ろしい痛みに苦しみながら、最期は悪液質という末期症状に至って死亡します。猫の乳腺腫瘍の発生は、女性ホルモンと深く関係していることがわかっており、不妊手術をすると乳腺腫瘍の発生率が七分の一にまで下がります。

また、発情したメス猫はオスを求めて外出し、一度の発情で複数のオスと交配するのが普通です。オス猫とコンタクトを取ることで、猫白血病、猫エイズなどのウイルス性疾患に感染するリスクが高くなります。未去勢のオス猫は、特にこれらのウイルスの保有率が高くなっています。

メス猫がすでにこれらのウイルスのキャリアであり（ウイルス陽性）、まだ病気が発症していない状態の場合は、発情という内因性のストレスが引き金となって発病が早まるという説が有効です。また、すでにこれらのウイルス病が発病してしま

っている場合も、発情という内因性のストレスをとり除くことで症状が緩和されて、長期的に病気の管理がしやすくなると言われています。同様に、糖尿病や慢性気管支炎（ぜんそく）といった病気も、内因性のストレスに大きく左右されるために、不妊手術済みの猫の方が症状が軽くなる傾向が見られます。

オス犬の場合（一部リスト）

・睾丸《こうがん》腫瘍の予防
・セルトリ細胞腫の予防
・肛門周囲腺腫の予防
・精巣上体腫瘍の予防
・前立腺肥大の予防
・嵌頓《かんとん》包茎の予防
・伝染性生殖器腫瘍の予防
・ブルセラ病感染のリスクの減少

〝セルトリ細胞腫〟は、睾丸にできる一種の腫瘍で、ほとんどの場合は良性の腫瘍ですが、この腫瘍からはエストロジェンというホルモンが過剰に分泌されます。悪性腫瘍のように他の臓器に転移することはありませんが、過剰のエストロジェンのために、いわゆるエストロジェン中毒となり、骨髄に作用して血液の産生を抑制し、犬は血液を作ることができなくなり、貧血から死に至ります。セルトリ細胞腫は、体内に睾丸が残存している犬に特に多発します。治療法は、去勢手術で睾丸を取り除くことですが、すでに貧血症状を起こしている犬にとっては、大変リスクの高い手術になります。

〝肛門周囲腺腫〟もほとんどの場合、良性の腫瘍ですが、男性ホルモンがこの腫瘍の発生に関与しています。それゆえ、メス犬と去勢済みオスには、まず発生が見られません。この腫瘍は、肛門部分とその周囲、尾の付け根の部分に発生し、治療をしないとどんどん大きくなり、排便するのに支障をきたすこともあります。治療は、腫瘍の完全切除と去勢手術を同時に行うことです。肛門はとても神経が発達していて敏感な部分であり、手術後は排便するたびにするどい疼痛が生じます。

前立腺はオスの尿道と近接した部分にあり、通常は精液の一部を産生しています。男性ホルモンの影響下では、前立腺がその大きさを増してどんどん肥大し、尿道を圧迫します。尿が勢いよく流れ出ないばかりか、慢性の膀胱《ぼうこう》感染から膀胱炎、さらに前立腺感染症にまで発展します。尿道が完全に閉鎖されると、無尿症から急性尿毒症になり、死に至ります。前立腺の手術は非常に難しいため、前立腺感染を起こしていない限り、去勢手術が唯一の治療法となります。去勢をして男性ホルモンの影響がなくなると、二、三か月かけて少しずつ前立腺のサイズが減少し、元の大きさに戻ります。一昔前までは、この前立腺肥大に女性ホルモン薬を投与する方法もありましたが、症状は一時的によくなっても前立腺肥大は改善されず、やがては女性ホルモンの薬用量を増やさなくてはなりません。女性ホルモン薬には貧血を初めとするさまざまな副作用があります。それゆえ、長期的には女性ホルモンは効果がなく、現在では去勢手術が唯一の治療法で、女性ホルモン薬の治療は、一時的にでも使用するのは避けるべきとされています。

その他、去勢手術をすることで、交配に関係する伝染病、性病のリスクを減らすことができ、また交配時に発生する生殖器の事故(嵌頓包茎など)を予防することができます。

オス猫の場合（一部リスト）

・睾丸腫瘍の予防
・セルトリ細胞腫の予防
・精巣上体腫瘍の予防
・前立腺肥大の予防

・ウイルス性疾患（猫白血病、猫エイズなど）の感染リスクの減少
・猫どうしの喧嘩による外傷の減少
・交通事故死の減少

オス猫の場合も犬と同様、睾丸を摘出することで、生殖器関係の腫瘍や前立腺肥大症を予防することができます。未去勢のオス猫の場合、非常になわばり意識が強く、他の猫と喧嘩（なわばり争い）をするのが普通です。そのため、アブセス（膿瘍）というバイ菌感染や、外傷を負う可能性が高くなります。またこれらの喧嘩を通して、ウイルス性の伝染病に感染するリスクも高まります。

未去勢オス猫の死因の第一位は、交通事故死です。なわばり意識が強く、絶えず外部の猫からテリトリーを守ろうと放浪し、発情のメス猫を追っては道を横切るオス猫は、それだけ車に撥《は》ねられたり轢《ひ》かれたりする可能性が高くなっています。

Q5　不妊手術で性格が穏やかになるの？

メスのパグ犬、プープゥはいつもはおとなしいのに、発情期には気が荒くなり、飼い主でも噛むことがあり、困っています。不妊手術をすれば、性格が変わりますか？

A　犬や猫が、おとなしく、飼いやすくなります。

不妊・去勢手術のもたらす恩恵は、医学的なものだけではありません。動物の性格が穏やかになり、しつけやすくなるという利点があります。

メス犬の場合

メス犬は、通常一年に二回、定期的に発情期がやって来ます。発情は発情前期、真性発情期、発情後期に分類され、約三、四週間出血が続きます。

この期間、メス犬の体内ではホルモンの急激な変化が起こり、そのために犬の感情も非常に不安定になります。いつもはおとなしい犬が、急に飼い主に噛みついたり、イライラして小さなことに敏感に反応して吠えたり、あるいは過剰に警戒心が強くなったりもします。普段からよくしつけられている犬でも、子どもや来客に噛みつくといったような事故が多発するのも発情期です。

また、犬の発情は、人間の受胎可能な時期とは基本的に異なり、もっと原始的なレベルで本能として起こります。それゆえ、犬の発情は私たち人間の食欲と同レベルと考えるべきだという説が有力です。発情期とは、お腹が空いた状態と同等です。私たちはお腹が空くとイライラして集中できなくなります。発情期のメス犬からオス犬を遠ざけて交配させないということは、空腹時に食事を与えないのと同じです。これは、ストレス以外の何ものでもありません。

このように、メス犬は発情期が来るたびに精神的、肉体的なストレスを受け、それが感情のコントロールを難しくしています。不妊手術をすることで、このストレスと苦痛を取り除くことができます。

メス猫の場合

メス猫は、交配して〝交配刺激〟が起こって初めて排卵し、発情が終了します。交配刺激がないと、とても短いサイクルで発情を繰り返すことになります。経験のある方なら誰でも知っていると思いますが、猫の発情は非常に情熱的で激しいものです。食べることも忘れて、地面を転がり、一晩中オスを求めて大声で鳴き喚《わめ》きます。家猫であれば、この発情期の行為と声は耐え難いことでしょう。オスを求めて出歩いて、交通事故に遭う確率も高くなります。また、不妊手術をしていないメス猫はテリトリー意識が強く、警戒心も強まり、他の猫と争うことが多くなります。不妊手術をすることで、これらの発情期の鳴き声、ストレス、喧嘩による外傷を軽減させることができます。

オス犬の場合

オス犬は、性的に成熟する前に去勢手術をすることで、テリトリー意識による尿のマーキング、マスターベーションの習慣を減らすことができます。犬によっては、他の犬が残した糞に体をこすりつけて自分の匂いをカバーするという〝マスキング行為〟がありますが、これも去勢手術をすることで軽減することができます。特に、人間の足などにつかまって行うマスターベーションは、人間と一緒に生活する上では、下品で恥ずかしい行為とされて受け入れられません。犬が大脳で学習してしまう前に、早めに去勢手術をするのが望ましいとされています。また同様に、夜の遠吠えも、都会で生活する上では近所迷惑になる場合があります。遠吠えの習慣も、去勢をすることで軽減できます。

オス猫の場合

オス猫は、未去勢の場合、非常になわばり意識が強いために、猫どうしで喧嘩をしたり、あちらこちらに排尿、排便をしてマーキングを行います。このマーキング行為を家の中でも行う猫がおり、強い悪臭のする尿を家具や柱などにかけられると、なかなか臭いが消えません。猫どうしの喧嘩では、けがをするばかりではなく、猫白血病や猫エイズなどのウイルスに感染する機会が増えます。またテリトリーを巡回したり、猫どうしで争っているうちに、交通事故に遭遇する機会も増えます。またオス猫は、去勢をすることで独特の強い体臭と尿の臭いを和らげることができます。

アメリカでは、一歳以上の成犬がシェルターに持ち込まれる理由のトップは、〝行動に問題がある〟からです。吠える、噛みついた、うるさい、言うことを聞かない、家具をかじる、塀をかじって逃亡するなどです。ある程度人が密集して住んでいる社会では、犬が夜中に吠えたり、あるいは来客や通行人に噛みつくことは許されません。人間と一緒に生活する以上、犬も人間の社会のルールに従う必要があります。

上記のように、不妊去勢手術をすることで、これらの多くの行動の問題点は、解決、あるいは予防できるのです。たまたま発情期で気分が苛立っている時に来客に噛みついてしまうのは、犬の生理を考えると決して犬の責任ではないのですが、そのためにシェルターや保健所行きとなるケースが多々見られます。これは噛みついた犬のせいではなく、不妊手術を怠った人間の責任と言えます。

Q6 **本能を奪うのはかわいそう**

オスのミニチュア・ダックスのボーイはメス犬が大好きで、メス犬の姿を見つけると猛ダッシュします。それに、猫のロッタが子猫を生んだ時は、母猫は母性愛に目覚めてけなげに世話をし、とても幸せそうでした。本来動物が持っている本能は美しいもので、それを奪うのはかわいそうだと思うのですが。

A **発情期に交配させないこと自体が不自然であり、過酷な苦しみを与えます。**

本能について、話したいと思います。本能とは、ヒトや動物が生まれながらに所有している最も原始的な欲求です。脳生理学によると、本能は一次的と二次的の二つに分類されます。

一次的本能とは、最も原始的で強い欲求であり、ヒトの場合は、生欲（生き延びようとする欲求）と食欲が挙げられます。動物の場合は、生欲、食欲とさらに性欲があります。

二次的本能とは、一次的本能ほど強くない本能であり、一次的本能が満たされた段階で初めて顕著になります。ヒトの性欲は、二次的本能に分類されています。すなわち、性欲は動物では一次的本能に、ヒトでは二次的本能という格差があるのです。

確かに、私たち人間は生きるか死ぬかという瀬戸際の状態ではセックスをする気分にはなれませんし、死にそうなくらい空腹である場合にも、それをすることはできないでしょう。また人間は妊娠可能な時期以外にもセックスをすることができますが、犬や猫は基本的に発情期（妊娠可能期間）以外は交配をしません。ヒトにおいては、セックスはもはや繁殖するという本来の目的から外れて、娯楽的な要素も含んだ社会的な行為となってしまっているのです。それに比べ、動物の場合は、たとえ飢えていようが、死に瀕していようが、子孫を残すために交配するという本能が備わっているというのです。

動物の場合、交配は全て繁殖が目的で行われます。その繁殖本能は一次的本能であるために非常に原始的で強く、時には食べることも寝ることも忘れて交配を行うのです。動物にとって発情期は、すなわち、異性に飢えた状態なのです。発情期でありながら異性がなく、交配が行えないということは、私たちが空腹なのに何も食べ物がないという状況に匹敵します。

考えてもみて下さい。空腹で空腹で耐えられない状態で、目の前においしそうなごちそうが山積みされている状態を。発情期の犬や猫をそのままにして、異性を与えないということは、これと同じ苦しみと言えます。

確かに動物の本能は美しいと思いますし、それを奪うのは悲しいことです。しかし、発情期の動物から異性を遠ざけて、交配させないというのは、拷問に匹敵するくらい過酷なことです。かといって発情期のたびに交配させて子を生ませると、あっという間に子犬子猫が増え過ぎてしまいます。それに発情ごとに子を生むと、母体に過酷なストレスがかかり、消耗して病気になったり、産科関係の事故や異常で若く死亡する場合が多くなります。

私自身、愛する夫がいて、出産を経験して母性愛というものも身をもって経験しています。夫への愛や母性愛は、確かに美しく尊いものだと思います。私たちの人間社会では、肉体的に成熟し、愛する人と巡り合ったとしても、社会的に一人前になり経済的な支えがないうちは、安定して出産育児をしたり、夫婦で楽しく生活することができません。動物にも同じことが言えないでしょうか。ペットとして私たち人間社会の中で生きてゆく限り、貰ってくれるあてのない子犬子猫を次々と生むわけにはいきません。一度だけ生ませるとしても、発情は何回も繰り返しやって来ます。そのたびに異性に飢えて拷問の苦しみを味わうのは動物なのです。〝自然だから、本能だから〟と思うのは簡単ですが、社会的な背景を忘れて本能だけを取り上げるのは人間の勝手と言えます。

Q7　不妊手術は不自然では？

私は二歳のオス猫、ミュウの飼い主ですが、倫理的な理由から、不妊手術に反対です。病気でもないのに、身体にメスを入れるなんて、自然に反する行為ではないですか。

A　人間の保護のもとで〝ペット〟として不自然な生活をしている犬や猫の健康と福祉を守る責任があります。

不妊手術は不自然だからという理由で反対する人がいます。不自然とはいったい何でしょうか。

ここでまず、なぜ犬や猫の人口過剰が問題になったかということから考えたいと思います。なぜ、犬や猫が日本でもアメリカでも過剰に余っているのでしょうか。それは、犬も猫も一度の出産で多数の子を生むからです。しかも、年に二、三回というスピードで繁殖することが可能だからです。

今から数万年前、まだ犬や猫がヒトに飼育される前、野性の状態ではこの多頭出産が必要でした。せっかく出産しても多くの子は病気で死に、また成長の途中で外敵に襲われたり、事故に遭ったりして、成長して大人になれるのはわずかに一匹か二匹だったに違いありません。犬や猫の寿命自体もとても短く、三、四歳という若さで死ぬ場合がほとんどだったでしょう。それゆえ、犬も猫も性成熟に達すると同時に交配し、年に二、三度子を生み、一生のうちになるべく多くの子を生み落とす必要がありました。厳しい自然の中で種の保存をし、淘汰されないようにするための必要手段だったのです。

ところが、現在、人間の保護のもとで生活している犬と猫には、このような心配はなくなりました。食餌のために命がけでハンティングに出かける必要もなければ、外敵に襲われる心配もありません。衛生状態のよい人間社会では、病気や伝染病にかかって子が全滅するということも少なくなりました。寿命もずっと長くなり、いわゆる慢性の成人病、老人病、癌といった病気で命を落とすのが主流になっています。すなわち、人間の保護のもとでペットとして生きる犬と猫にとっては、種の保存や滅亡を心配する必要はなくなり、逆に、増えすぎて人口があり余ってしまうという悲劇を生んでしまったわけです。

犬と猫の人口過剰は、人間の保護のもとで〝ペット〟として生きる道を選んだために生じてしまったことなのです。また、子宮蓄膿症や乳癌、前立腺肥大などは、三、四歳という寿命しかなかった野性の犬や猫には無縁のことでした。ペット化して寿命が延びたからこそ、このような病気を心配しなくてはならなくなってしまったのです。

ペットとして飼育されている犬と猫は、決して自然な状態ではないのです。それがよいか悪いかは別問題として、ペットは私たちの保護のもとで長寿を満喫するようになり、その代わり、私たちには彼らの健康と福祉を守る責任が生じてしまったのです。私たち人間は、ペットによい食餌、安全な住まい、衛生的で楽しい生活環境を提供するだけではなく、予防できる病気を極力予防する義務があります。

シェルターや保健所で殺される何百万という小さな命、健康でどこも悪くないのに、ただ誰にも飼ってもらえないという理由で殺されている命は、皆私たち人間の責任なのです。ペットの寿命だけを延ばし、繁殖コントロールや他の病気の予防を怠るというのは、私たち人間の無責任以外の何ものでもありません。

現代の人間社会は不自然な社会です。そこに無理に自然を取り入れることはできません。例えば、「コンピュータも、車も、電化製品もみな不自然だ」と言って、ある日突然、自分が無人島の何もない島にポンと放り出されたら、果たして生きられるでしょうか？

また、出産や育児についてはどうでしょうか。女性は初潮を迎えれば妊娠、出産が可能なわけです。なのになぜ、大多数の中学生や高校生は出産をしないのでしょうか。生理的に成熟しても、社会的に成熟していないからです。きちんと教育を受け、社会人として一人前になり、経済的に独立し、それから家庭を築いていこう、というのが私たちの文明社会のしきたりなのです。繁殖が可能な年齢でありながら子どもをあえて作らない。これは生物学的に見ればりっぱな〝不自然〟です。そして、この生物学的、生理学的不自然だらけなのが、現在の私たちの人間社会なのです。

犬や猫は、この人間社会の中で〝ペット〟として生きています。不自然な文明社会の中で生きる限り、純粋に〝自然〟に生きることはできません。確かに、不妊去勢手術は自然ではありません。しかし、これだけ不自然な文明社会で不自然に犬や猫をペット化し、不自然に寿命を延ばしてしまった私たち人間が、動物の繁殖能力にだけ〝自然さ〟を求めることは、かえって不自然と言えないでしょうか？

Q8　でもやっぱり手術はかわいそう、代替法は？

不妊手術の医学的、社会的な意義は十分わかります。理論的にはよく納得できます。でもやっぱり、わが家の大切なポメラニアンのきんぎょが手術をするとなると、かわいそうで胸が張り裂けそうです。それに、室内で飼っていて散歩以外は外には出さないので、妊娠の心配はありません。手術以外の方法はないのでしょうか。

A　不妊去勢手術に優る代替法は、現段階では確立されていません。

不妊手術はかわいそうだから嫌、という人がたくさんいます。私も手術はかわいそうだと思います。こんな手術、できればしたくないのです。私は獣医師として実際にメスを握って動物を切っていますが、家に帰れば愛する犬と猫の飼い主でもあります。かわいそうと思う気持ちは同じです。

本当は手術ではなく、非外科的な方法で麻酔を使用しないで不妊の目的を果たせるなら、それに越したことはありません。例えば、注射や薬を飲むことで不妊できるのならばどんなにすばらしいことでしょうか。

不妊去勢手術の代替法については、多く研究されています。しかし現在、そのどれを取っても確実性に欠け、しかも副作用も多く、安全性に問題があるとされています。また、その効能や効果がそれほど期待できないものもあります。それゆえ、不妊去勢手術に優る代替法は、現段階では確立されていません。

たとえ室内で飼っていても、発情期の犬や猫が脱走して妊娠することはしばしばあります。また、ペットの病気予防についてはQ4を、発情期のストレスについてはQ6を参考にして下さい。

Q9 **健康なら遺伝病の心配はないのでは？**

うちのビーグル犬のポンピーはとても美しいメスで、性格もよく、健康そのもの、病気ひとつしたことがありません。先日も掛かり付けの獣医師に「とってもいい犬だ」と誉められました。今度発情が来たら、交配して子を取ろうと思います。オスも健康であれば、問題ないですよね？

A 外見上は健康でも、キャリアとして遺伝病を持ち、子孫に伝える可能性があります。

ここ数年、犬や猫の遺伝病について急にクローズアップされるようになってきました。犬も猫も、純血種は遺伝病を有している可能性が非常に高いという事実が認められています。遺伝病のチェックやコントロールをしないで無防備に犬や猫を繁殖すると、ネズミ算式に病気が子孫に広まってしまいます。遺伝病はまだ誤解されている部分、知られていないことがたくさんあります。ここでは、ペットの遺伝病についてまとめてみました。

①遺伝病とは

遺伝子にのって親から子へ伝達される病気のこと。一〇〇％遺伝子の影響で発症する病気から、遺伝子の他にも、食べ物や生活環境といった他の因子が影響して病気を形成するものなど、多種多様。

②遺伝病はどんな病気か

現在、犬の遺伝病は約四〇〇種類確認されており、その数は毎年増える一方。遺伝病は、さまざまな器官に発生しています。目の異常、歯の異常、耳の異常、それから肺、心臓、肝臓、腎臓、生殖器、胃腸、筋肉、血液、皮膚などなど。その病気の種類によって、非常に重篤で生後間もなく死亡してしまう病気もあれば、ゆっくりと進行する病気、あるいは生まれて数年経って初めて発症するもの、慢性のものなど多種多様です。例えば、ひどい心臓の奇形は生後間もなく死亡するし、アレルギー性皮膚疾患、外耳炎などは成熟してから慢性的に繰り返し起こる遺伝性の病気です。

③劣性遺伝が恐ろしい理由

現在わかっている犬の遺伝病のうち、七〇％は劣性遺伝病です。発症はしないけれども欠陥遺伝子を持っている動物を、遺伝病の〝キャリア〟と呼んでいます。キャリア動物は外見は全く普通で、遺伝病の遺伝子を持っているかどうかを見ただけで判定することはできません。一見健康そのものでも、多くの動物はキャリアとして遺伝病の遺伝子を持っています。そして、同じ病気の遺伝子をキャリアとして持っている動物どうしが繁殖して子どもが生まれた時に、その病気が初めて現れるのです。

④遺伝病が発病する時

純血種は、意識的に近親交配を繰り返した結果、非常に似た遺伝子グループを有してしまいました。遺伝子が類似しているということは、同じ劣性遺伝子病を持っている可能性が高いということです。そして、父親と母親の両方が同じ劣性遺伝子病をキャリアとして持っている場合、その子は、両親の遺伝子から受け継いだ遺伝病になります。

ですから、あなたのビーグル犬の場合も、外見上健康でも、キャリアとして遺伝病を持ち、それを子孫に伝えることが十分考えられます。遺伝病のキャリアかどうかというのは、たとえ獣医師であっても、外見だけで判定することは不可能で、特殊なラボ検査や調査をして初めて判明するものです。そして、交配するオスも、外見は健康そのもので病気ひとつしたことがなくても、キャリアである可能性もありますし、遺伝学の立場からすると、たとえ血が繋がっていなくても、同じビーグル犬ですから、遺伝子が非常に類似しているため、子どもはおそらく高い確率で遺伝病が発生することでしょう。遺伝病の知識のない人たちが、自由勝手に繁殖をすると、キャリアがどんどん広がり、恐ろしい勢いで遺伝病が広まってしまいます。ましてや、血の繋がっている近親の犬どうしの交配、あるいは同じブリーダーからの犬どうしの交配となると、非常に劣性遺伝子病の発病の確率が高くなります。

人間社会では通常、親子や兄弟、あるいは近い近親どうしで結婚したり子どもを生むことを禁止していますｏ これは、遺伝子が類似しているものどうしで子を作ることが非常に危険だからであり、私たちの祖先は、経験的にそれを知っていたのです。では遺伝病の蔓延を防ぐのに、どうすればよいのでしょうか。

遺伝病の蔓延を防ぐには

① 誰もが気軽に繁殖しないこと。自分の犬が純血種だから、健康だから、子犬を一度は生ませてみたいからという理由で繁殖するのは、遺伝学的に非常に危険なことなのです。また近親交配は、劣性遺伝子病を発病させる可能性を高めるので、絶対避けるべきです。純血種の繁殖をする場合は、知識と責任のあるプロが行うべきです。

② ブリーダーは、単なる利益や動物の外観にこだわるのではなく、遺伝病についてよく勉強して精通しなくてはなりません。繁殖に使用する前に、必ず動物の遺伝検査、調査を実施し、遺伝病に精通した獣医師と相談して、繁殖計画を立てることが必要です。

そして、遺伝病のキャリアと判明した動物を繁殖グループから除外することを徹底しなくてはなりません。遺伝病のキャリアは、繁殖には決して使用すべきではないが、だからといって安楽死させる必要はありません。外見は全く健康そのものだし、生涯健康に生きることができるのです。その動物を購入した飼い主に対して、「この犬は健康そのものですが、遺伝病のキャリアですから、決して繁殖させないで下さい」と正直に伝えるべきですが、利害関係がからむと、これがなかなかできないのが実状です。

③ 獣医師は、もっと遺伝病の知識を持ち、繁殖する前に、医学的、遺伝学的なアドバイスを与えられるようにならなければなりません。

④ 動物の飼い主も、遺伝病についての知識をもっと増やして、キャリア動物は、必ず不妊去勢手術をすることが大切です。

Q10 不妊手術をすると太る？

昨年、コーギーのりぼんちゃんに不妊手術をした後、ムクムクと太ってきています。手術の副作用のせいと聞きましたが、本当ですか？

A 手術後は必要なカロリーが減少するため、太りやすくなりますが、正しい食餌や適切な運動で肥満を防ぐことができます。

日本でもアメリカでも、不妊去勢手術をした後は、その副作用として、〝動物はムクムクと太り出す〟と広く信じられてきました。確かに、手術してしばらくすると、太る動物が多いのは事実です。しかし、不妊去勢手術そのものが、動物を太らせるわけではありません。

肥満は、食べ物として摂取するカロリーが消費カロリーよりも上回る場合に起こります。そして、各動物が消費するカロリーは、動物の住む環境や生活様式によって大きく変わってきます。外で過ごすか室内で過ごすか。一日中寝ているのか、それとも起きて動いているのか。環境温度は寒いのか、暑いのか。

また、動物の年齢によっても変化します。オスは、通常メスよりも消費カロリーが高いですが、これは性ホルモンと深く関係しています。さらに最近の研究では、肥満は遺伝と深く関係しており、ある犬種は他の犬種と比べて肥満になりやすい傾向があることがわかってきています。

不妊去勢手術をすると、通常、体が要求するカロリーは、一五%から二五%減少します。そのため、手術をした後に同じ量の食餌を与えていると、消費カロリーが減少した分だけ肥満になります。また、特にオスの場合、去勢後はテリトリーの意識が減少してなわばり巡りをしなくなり、一日中ごろごろと寝てばかりいるようになる傾向があります。これらの〝運動量の減少〟も、肥満の原因になっています。

また、不妊去勢手術を行うことが多い生後五、六か月という時期は、ちょうど発育速度がスローになり、自然に食餌の量も少なくなる時期と重なりますが、犬や猫によっては食欲旺盛で、必要カロリー以上の食餌を食べてしまう傾向があります。

以上のことから考えると、不妊去勢手術は直接肥満を起こしてはいませんが、要求カロリーが減少する分、肥満になりやすくなります。ですから、適切な運動を心掛けると共に、食餌（量、種類、回数など）を動物のライフスタイルに合わせて随時細かく調節することにより、肥満を防ぐことが可能です。太ったのは手術のせい、と不妊去勢手術に全て原因を押し付けるのは間違いで、肥満は、飼い主が動物の食餌に気を配らなかった結果、発生する場合がほとんどです。

Q11　去勢手術したオス猫の尿道は細くなる？

オス猫の花丸は去勢しています。先日、下部尿路疾患（FLUTD）と診断された時に、手術が原因で尿道が細くなっていたからだ、と言われたのですが。

A　手術で尿道が細くなるという事実がないことは、証明されています。

特に猫の場合、去勢手術と下部尿路疾患の関係について、多くの研究がなされてきました。下部尿路疾患という病気は、去勢手術済みのオスに多発し、未去勢のオスにはほとんど発生しないことから、その因果関係を疑われてきました。

この病気は、オス猫の尿道に尿結石が詰まったり、尿道が炎症を起こして尿の出が悪くなり、ひどい場合には尿道が完全に閉鎖して尿が全く出なくなるという病気です。緊急に処置をしないと死にもつながる危険な病気であると同時に、たとえ治っても五〇％の猫で再発するという非常にやっかいな病気でもあります。

去勢手術をした猫と未去勢の猫の尿道の太さを正確に測定比較した研究結果が報告されています。それによると、生後七週齢、生後七か月齢で去勢手術を行った成猫、及び未去勢の成猫の尿道の大きさ（太さ）は全く同じで、去勢手術によって尿道が狭くなったり細くなったりするという事実がないことが証明されました。

下部尿路疾患については、実に多くの研究がなされており、現在でも完全にその病気の正体が解明されたわけではありませんが、多くの要因が複雑にからみあって病気が発生するということがわかっています。遺伝的要因、食餌の量と種類、体質、肥満、運動量、飲水量、尿の酸性度、あるいは精神的なもの、ウイルスに由来するという説、そしてストレスとも関係あることがわかってきました。

なぜ去勢手術をした猫に多発するのかというのは不明ですが、この病気が室内飼育の太りぎみの猫に多発することを考えると、去勢済みの猫はどうしても肥満の傾向にあること、室内猫のほとんどが去勢済みであるという事実と重なります。逆に、去勢手術をしていないオス猫の場合、筋肉質の体型をして絶えず外に出る場合が多く、このような猫はこの病気の発生頻度が低くなっています。

それゆえ、この病気は去勢手術をすることにより〝かかりやすくなる〟と決めるのは間違いです。現在、去勢手術が下部尿路疾患を誘因するという事実は否定されています。

Q12　不妊手術の副作用でおしっこを漏らすようになる？

マルチーズのプリン九歳は、一歳の時に不妊手術をしました。最近おしっこを漏らすようになり、獣医師に女性ホルモン薬を打ってもらいました。これは不妊手術の副作用の一種なのでしょうか？

A　女性ホルモン薬が有効だからといって、不妊手術による女性ホルモンの欠如が尿失禁の原因だというのは間違いです。

女性ホルモン反応性の尿失禁はメス犬にみられる異常ですが、中齢から高齢にかけて、尿を一定時間溜めておくことができなくなり、ポタポタと漏らすようになる病気です。膀胱の出口の筋肉をうまくコントロールできなくなることにより起こるものですが、いくつかの原因に由来します。治療法もその原因によりさまざまに異なるのですが、治療薬の一つとして、女性ホルモン（エストロジェン）を使用する場合があります。他の薬では効き目がなく、エストロジェンの投薬によってこの尿失禁が治まるものを特に、〝エストロジェン反応性尿失禁症〟と呼んでいます。

さて、このエストロジェン反応性尿失禁症ですが、不妊手術済みの中高齢のメス犬に多く発生し、女性ホルモンを投与すれば治ることから、不妊手術の副作用、後遺症と考えられてきました。しかし、最近の研究では、この病気と不妊手術との直接的な関係はないと結論付けられています。

もし、女性ホルモンが欠如することでこの尿失禁が発生するとすれば、不妊手術を受けた犬全部が尿失禁になるはずです。しかし、この病気は不妊手術済みの犬の約四％にしか発生せず、また不妊手術をしていないメス犬にも発生しています（〇・三％）。また、不妊手術をしてから約三〇日から四五日で、体内から女性ホルモンが消失しますが、もしこの病気が一〇〇％女性ホルモンと関係しているならば、不妊手術後一、二か月で尿失禁症状が現れるはずです。しかしほとんどの犬は、手術を行ってから数年から時には一〇年以上も歳月を経てから発病します。

以上から、この病気は女性ホルモンが欠如したから起こるのではなく、神経解剖学的な要因を含めたさまざまなことが原因して発生すると考えられています。そして、その治療法として、たまたまエストロジェンが有効であるだけで、エストロジェンの欠如（不妊手術）が病気の原因であると結び付けるのは間違いです。

Q13 不妊手術をすると皮膚病にかかりやすくなる？

「不妊手術をすると、ホルモンのバランスが崩れて皮膚病にかかりやすくなる」と聞きました。もしも、ホワイトテリアのスノーウィーに手術をして、雪のようにきれいな毛が禿げたり、痒みを伴うひどい皮膚病になったら心配です。

A 皮膚病の原因はさまざまですが、不妊去勢手術が直接の原因ではありません。

犬や猫の皮膚疾患は、さまざまな原因で発生します。体内のホルモンのアンバランスによることもあれば、アレルギーやアトピー性の皮膚病の場合もあります。一昔前まで、犬や猫の皮膚病の治療に〝性ホルモン薬〟が多く使用されていました。特にアレルギー性の皮膚疾患の場合、性ホルモン薬を投与すると痒みが治まり脱毛が改善されるため、これが多用されていたのです。

しかし、ホルモン薬が治療に有効であるからといって、その動物にホルモンが不足しているわけではありません。たまたま不妊去勢手術をした犬や猫が皮膚病になり、性ホルモン薬に効果があった場合に、「不妊去勢手術をしたからホルモン不足になり、それが皮膚病の原因になった」と誤解されるようになったわけです。不妊去勢手術をしてホルモンがアンバランスになったために皮膚病になるのなら、手術を受けた全ての犬猫が、手術直後から症状を現すはずです。しかし、この皮膚病になる動物はわずかです。

現在では、副作用が多いため、この性ホルモン薬の使用は、ほとんどなくなってきています。また、皮膚病の診断もスキンテストやパッチテスト、食餌制限などにより正確に行われるようになり、単に性ホルモン薬を投与して改善するか様子を見るという方法は採られなくなっています。

前述の尿失禁も、この皮膚病にしても、ホルモン薬がたまたま症状の改善に効果があったということにすぎません。だからといってその病気の原因を、ホルモン不足、不妊去勢手術の悪影響と簡単に結論付けることはできません。

Q14 オスはメス化、メスはオス化する？

不妊手術は、性ホルモンをなくしてしまうことと聞きました。わが家の愛らしいメスのゴールデンレトリバー、グッディに手術をすると、獰猛《どうもう》になってしまうのではないかと心配しています。

A これは全くの迷信にすぎません。

メスの場合、卵巣を取ることで女性ホルモンがなくなり、逆に少量の男性ホルモンが活性化してオス化して性格がきつくなるのではという人がいます。逆に、オスの場合、去勢をして睾丸を摘出することで、少量の女性ホルモンが活性化してメス化するという心配をされる方もいます。

結果からすると、これは全くの迷信にすぎません。確かに、卵巣や睾丸を摘出した後は、副腎という腎臓の近くにある小さな組織から少量の性ホルモンが分泌されることがありますが、これは桁違いに少量であり、臨床的には全く問題にならないものです。まして、体や性格がこの逆のホルモンの影響を受けて変化するということはありません。

不妊去勢手術の後は、犬も猫も確かに性格が変化することがあります。それは、入院中に痛い思いをしたり、怖い体験をしたという精神的なショックの影響によることが大きいのです。初めて飼い主から離れて過ごす動物も多いことでしょう。

獣医師としては、痛み止めや鎮静薬を使用して、なるべく恐怖を与えない入院生活を送れるように心掛けていますが、このような精神的なものが影響して、退院後に性格が多少変化することが時々あります。私の個人的な感想では、不妊去勢手術の肉体的、精神的なショックは、手術年齢が若ければ若いほど軽いような気がします。生後三か月の子犬や子猫は、手術三時間後には何事もなかったように飛び回って遊びます。生後五、六か月の場合もほとんどショックを受ける様子はありません。これが、八か月から一歳になると、痛みを敏感に感じたり、恐怖を態度に示すようになります。成熟してからの手術はもっと悲惨で、退院後もしばらくは食欲不振になったり、神経性の下痢や嘔吐を起こす動物もいます。

不妊去勢手術は、健康な体にメスを入れ、人工的に性ホルモンをなくしてしまうものです。不自然であると感じる人もたくさんいます。そのため、皮膚病にしろ尿失禁にしろ、あるいは性格の変化にしろ、何か起こると「不妊去勢手術をしたから発生した」と、手術に全面的責任を押しつける傾向がありました。獣医師にとっても説明が楽であり、飼い主にとっても理解しやすい、納得のできる言い訳でもありました。

しかし、上記のように、純粋に不妊去勢手術に由来している病気はありません。手術が一要因として関与している場合はありますが、多くの病気は、〝手術したため〟の一言で片付けてしまえるほど単純なものではありません。

Q15　不妊手術はいつからできる？

「あまり早くから不妊手術をすると、本来ならもっと大きくなるはずだった犬の成長が止まってしまう」という話を聞きました。手術は生後何か月でするのがよいのですか？

A　不妊手術によって発育不良になることはありません。生後四か月から六か月内で、なるべく早い時期に行うのがよいとされています。

　一〇年から二〇年前、ひところ、性成熟に達成する前に性ホルモンを除去してしまうと、骨格の発達にマイナスに働き、発育不良の動物になると信じられた時期がありました。性成熟というのは、メスの場合は初回の発情を迎える時で、犬で通常一〇か月から一歳、猫で生後六か月前後をいいます。オスの場合は精巣が成熟して精子を産生し、交配する能力ができる時期で、犬猫ともにメスの初回発情年齢とほぼ一致しています。

　しかし、動物の体が成熟して骨の発達が完全に終わるのは、性成熟よりもはるかに遅く、犬で六か月から二四か月齢と、その犬種により大きな差があります。

　アメリカでは、多数の犬や猫に生後五、六か月齢で不妊去勢手術を施行していますが、これは性成熟に達する前に手術をしていることになります。

毎年何百万匹という犬や猫が、性成熟に達する前に不妊去勢手術を受けているにもかかわらず、それによって動物の成長が早くストップしてしまった、ミニチュアの純血種になってしまったということはありません。基礎実験をして骨格の成長を比較する以前に、何百万匹という犬猫が実際に手術を受けて何の問題もなかった、ということが臨床的に証明されていることになります。

しかし、どうしても科学的な数字で調べてみたいということで、基礎的な実験も行われました。その結果、不妊去勢手術をした犬の長骨（足の骨）は、手術をしない犬よりもほんのわずかだけ長くなるという結果が出ました。

したがって、不妊去勢手術をすると、「動物の成長がストップしてミニチュアになる」というのは迷信、誤解であり、逆に骨が完全に成熟する前に手術をすると、ごくごくわずかだけ、骨がより長く成長しています。が、これは一センチ程度のごく小さな差であり、人間の目にはその差はわからず、また動物の日常生活には全く支障をきたさないことでしょう。

現在アメリカでは、通常生後四か月から六か月内で、なるべく早い時期に行うのがよいというのが一般的になっています。

Q16 手術方法を教えて

獣医さんとのインフォームド・コンセントのために、不妊手術の実際の手術方法を知っておきたいのですが。

A　手術方法の詳細は、獣医師によって若干異なりますが、基本は同じです。現在アメリカで最良とされている標準方法は、以下のとおりです。

メス犬・メス猫の不妊手術方法

① 切開前に腹部の毛をあらかじめバリカンで剃り、消毒する。
② 正中切開といい、お腹の中心部分、へその下部を縦に切開する。
③ 皮膚、筋肉、腹膜の順に切開する。
④ 犬も猫も子宮はU字型をしており、長い二本の子宮の先に卵巣がある。妊娠していない場合は、この子宮と卵巣は小腸の下、腎臓の近くに隠れている。
⑤ 片方の卵巣をつかみ、腹腔の外部に露出する。卵巣と腹腔をつないでいる卵巣靱帯と卵巣血管を縛り（通常二重結紮《けっさつ》する）、靱帯を切って卵巣を摘出する。
⑥ もう片方の卵巣も同様に縛り、摘出する。
⑦ 次いで、子宮と子宮頸管をつかんで腹腔外部に露出する。
⑧ 子宮と子宮頸管の境界部分を縛る（通常二重結紮）。
⑨ 子宮を切断して子宮、卵巣を全部取り出す。
⑩ 腹膜、筋肉、皮膚の順に縫合して閉腹する。

切開について

不妊手術の切開線（傷口）の大きさは、短ければよいというものではありません。今から一〇年、二〇年前は、切開線をなるべく短くして動物の負担を軽くし、同時に手術技術も優れていることを飼い主に自慢する傾向がありました。しかし、切開した傷口は短ければ早く治るわけではないので（切開線の横と下部から皮膚は融合し、縦にくっつくわけではない）、小さい傷口ほど早く治るというのは間違った概念です。

その昔、両方の卵巣だけ摘出して子宮を取らずに残す方法（卵巣割去術）も行われていました。この方法だと子宮は残したままなので、切開線も短くて済み、手術時間も短くなるので手軽でした。卵巣を取ってしまうので、たとえ子宮が体内に残っていても絶対に妊娠することも発情することもありません。しかし、その後、子宮が体内に残っていると、後に子宮蓄膿症、子宮内膜炎、子宮癌などの病気が発生することが判明し、多少面倒でも子宮と卵巣の全部を摘出するのが正しい〝不妊手術〟になり、現在に至っています。

また、切開線が小さいと、靱帯や血管を縫合する時に内部がよく見えなかったり、縫合がしっかりと行われずに後から糸が緩んだり、あるいは周囲の脂肪組織も一緒に縫合してしまったりする可能性が増えます。これは手術後に非常に不快な痛みを伴う原因とも言われています。また、子宮摘出する時は、頸管との境界線ぎりぎりのところを切除し、子宮を完全に取り除くのが正しい方法です。切開線が小さいと、これをきちんと行うことができず、子宮を一部体内に残す場合がでてきます。これは前述した通り、後に子宮関係の病気の発生につながります。

そのため、アメリカ獣医師会では、不妊手術はなるべく大きく皮膚を切開し、腹部を大きく開いてよく見えるようにして手術を行い、縫合の緩みや卵巣及び子宮の一部取り残しをしないように指導しています。結果的には、その方がより安全に、痛みを最小限にくい止め、また手術の合併症や事故を防ぐことにつながります。手術の終了後、自分のペットの切開線を調べ、あまりにも小さい場合は、子宮と卵巣の両方を摘出したか、子宮も頸管部分から全部完全に摘出したかを疑うべきでしょう。逆に、未だに小さい傷口を誇るような態度であれば、その獣医師は時代遅れとも言えるでしょう。

縫合糸について

皮膚を縫合している糸の種類もさまざまで、その獣医師の好みにより異なったものが使用されています。糸を皮下に埋没して縫合し、外からは全く糸が見えないこともあります。

糸は大きく分けて、吸収性と非吸収性の二種類があります。吸収性の糸は時間が経つと溶けて体内に吸収されて後は何も残りません。非吸収性の糸は吸収されることはありません。糸は、強度・組織順応度・なめらかさ・吸収されるまでの時間など、さまざまなタイプが市販されており、値段もさまざまで、手術の種類や動物の全身状態を考え合わせて選択できるようになっています。

外科の基本として、体内の血管や靱帯を縛る場合は吸収性の糸を使用し、非吸収性の糸は皮膚縫合など、後日〝抜糸〟をすることを前提に使用します。糸は時として高価であるため、一パッケージを二匹以上の動物で共有する獣医師がいますが、これは非常にモラルの低い考えです。雑菌が感染する可能性が高くなりますし、糸についた動物の血液、体液を通して病気が伝染することもあります。特に猫白血病、猫エイズは深刻です。どんな手術でも、糸は必ず毎回新しいものを使用するべきです。残った糸を消毒し直しても、ある種のウイルスや菌は完全に死滅しません。

吸収性の糸を皮膚の内部に使用して縫合する方法（埋没縫合）があります。この方法だと糸は隠れて見えず、切開線が見えるだけです。また、抜糸をする必要がないので、野性的なノラ猫や、糸をかじったり引っこ抜いたりするくせのあるペットにも適します。吸収性の糸を用いてきちんとしたテクニックで行えば、埋没縫合は安全で有効な縫合法です。

最近ステープラーという外科用ホッチキス、あるいは外科用グルー（のり）を用いる場合も増えてきました。外科用ホッチキスは一つずつ完全消毒されて使い捨て用として販売されており、きちんと使えば衛生的で効果的な縫合方法です。これは、非吸収性なので後日取り除く必要があります。グルーも外科用に特別に作られた接着剤で、組織反応が低く、完全消毒されたものが市販されています。これも正しく使用する限り安全で有効なものです。ホッチキスとグルーの最大の利点は、非常に短時間に皮膚を閉じることができることです。

オス犬の去勢手術方法

オス犬の去勢手術には、大きく分けてオープン法とクローズ法の二種類があります。オープン法は精巣鞘膜を切開して精巣を露出する方法で、クローズ法は精巣鞘膜を切開しないで行う方法です。どちらの方法でもよいとされていますが、オープン法は副作用として腹膜炎、腹膜感染を起こす可能性があり、クローズ法だとこの可能性がぐっと低くなります。また、オープン法は、縫合しやすいため、手早く短時間で済むメリットがあります。

① 陰嚢とその上の部分の毛を刈り消毒をする。
② 陰嚢を避け、陰嚢からペニスにつながる部分の皮膚を切開する。
③ 皮膚、皮下組織を切開する。
④ 精巣を持ち上げ、皮膚切開線より外部に露出する。
⑤ オープン法の場合は、さらに精巣を包んでいる精巣鞘膜を切開する。
⑥ 精巣靱帯を分離し、精巣とペニスをつないでいる精索、血管を二重に縛る。
⑦ 精巣を縛った部分から切り離す。

⑧　同様の操作を、もう片方の精巣で繰り返す。
⑨　皮下、皮膚の順に縫合する。

去勢手術の場合も基本的に不妊手術と同様で、さまざまな形の皮膚縫合法が用いられています。陰嚢及びその周りの皮膚は非常に敏感であるため、なるべく組織反応性の低い糸を使用するか、あるいは、埋没縫合、グルーを用いる獣医師が多いようです。

オス猫の去勢手術方法

オス猫の去勢手術も犬と同様、オープン法とクローズ法の二種類があります。一般にオープン法の方が行いやすいのですが、腹膜炎、腹膜感染の可能性が高くなります。

①　陰嚢の毛を指で抜くか、バリカンで剃る。
②　陰嚢部分の皮膚を最小限の長さで切開する。
③　精巣を陰嚢から引き出して、皮膚の外部に露出する。
⑤　オープン法の場合は、さらに精巣鞘膜を切開する。
⑤　精索と血管を縛る。
⑥　皮膚は縫合せずそのまま終了。

猫の去勢の場合、一般に皮膚縫合は行いません。そのため、皮膚切開線はできるだけ小さくすると、術後の感染など合併症が少なくなります。

Q17 麻酔の事故が怖い

麻酔事故や麻酔のアレルギー・ショックでペットを失ったという話を聞きます。そんなことがあるのなら、手術をしない方がよいのではないでしょうか。

A 麻酔事故のほとんどは〝不注意によるミス〟のため、適切な手術を行えば事故の発生率は限りなくゼロに近づけることができます。

麻酔（全身麻酔）は、動物や人の脳に作用し、脳の機能を抑制する薬物です。したがって、麻酔が浅すぎると、意識が正常に作用して手術中に痛みを感じてしまい、逆に麻酔が深すぎると、主要臓器（心臓や肺など）の機能まで抑制されて死に至ってしまいます。それゆえ、麻酔を使用するにあたっては、専門的な麻酔学知識、動物の生理学の知識、及び臨床経験が要求されます。

現在、さまざまな麻酔が市販されており、種類も豊富で値段もさまざまです。どの麻酔をどう使用するかというのは、その獣医師や病院によって異なり、その獣医師の過去の臨床経験や病院の設備によっても違ってきます。どの方法、どの種類の麻酔方法がベストであるかは一言では決められませんが、麻酔は毎年のように進歩しており、また副作用や合併症もよく研究されているので、最新の麻酔学をよく勉強して、状況に応じて適切な麻酔薬、麻酔方法を選ぶべきと言えます。

麻酔は大きく、〝ガス麻酔〟と〝注射麻酔〟の二種類に分類されます。一般にガス麻酔薬は深度を細かく調節することが可能であり、麻酔投与を止めると直ちに覚醒させることができます。逆に注射麻酔薬は、細かい調節が難しくて覚醒までに時間がかかりますが、麻酔の導入が早く迅速なので、苦痛や不快感を最低限に抑えて麻酔導入することができます。注射麻酔は〝静脈内投与〟と〝筋肉内投与〟の二通りがありますが、同じ麻酔でも静脈内に注射する方が痛みを伴わず、しかも少量の投与量で同じ麻酔効果が得られます。

以上のことから、麻酔の導入にはごく少量の超短期持続性の注射用麻酔薬を静脈内に投与し、動物が速やかに眠ってから、気管チューブを挿入してガス麻酔に切り替えて、細かく深度を調節しながら手術を行う方法が広く行われています。筋肉内注射は血管内に注射するより楽ですが、それだけ痛みを伴い、また麻酔量も多くなるのでリスクが高くなります。非常に狂暴なノラ猫の手術など、ごく限られた状況でのみ使用されています。

麻酔の事故とは

麻酔の事故は、起こってはならないものです。が、残念ながら、現在でもごくごく少数の動物は、どんなに完璧に術前の診察、検査をし、充実した施設で最良の麻酔を用いていても、事故のために命を落としています。アメリカの場合、麻酔事故死の発生率は〇・一%という臨床結果が出ています（全ての麻酔手術を含む）。

しかし、ここで強調しておきたいのは、不妊手術で死亡した場合の原因が、全て麻酔の事故ではないということです。実際には、手術前の診察を注意深く行うこと、正確に体重を計って麻酔薬の量を決めること、あるいは多少高価でも安全性の高い麻酔薬を使用すること、術中・術後に保温して監視モニターするなど、当たり前のことをきちんと行えば、麻酔事故の発生率は限りなくゼロに近づけることができるのです。

不妊去勢手術の最中に動物が死亡する理由はたくさん考えられますが、そのほとんど、九九・九九％は人為的なミス（不注意によるミス）から発生するものです。

人為的なミスとは

① 器具機器の不備

・麻酔器具を正しく操作しなかったり、間違った方法で使用していた。

・酸素が十分に供給されていなかったり、ラインに穴が開いていた。

② 手術前の診察が不十分

・動物に小さな異常があって（心音の異常、発熱など）手術をするべきではなかったのに、手術を施行してしまった場合や、麻酔量を多く投与し過ぎた。

③ 手術中のモニターが不十分

・麻酔が深くかかりすぎているのに、気がつくのが遅かった。

・手術中に動物の体温をモニターしていなかった。

④ 手術技術の不備

・雑な方法で手術したため、体内出血や内臓の損傷が起こったり、あるいは手術時に感染した。

⑤ 手術後の不備

・体温の下降をチェックしなかったなど、動物をきちんとモニターしなかった。

麻酔薬に対するアレルギーはない

麻酔薬に対するアレルギーというのは存在しません。麻酔薬はペニシリン（抗生物質）と違って、アナフィラキシー・ショックを起こすことはありません。麻酔の種類が合わない場合は考えられますが、そのような場合は直ちにその異常を察知して、違う麻酔に切り替えるなり、緊急の対処方法を取れば死には至りません。獣医師は、ともすると、「手術も麻酔も完璧だった、ただ動物がアレルギー性反応を示して死んだ」というような言い訳をすることがありますので注意して下さい。

Q18　犬や猫は痛みを感じるの？

「動物は痛みに強い」と掛かり付けの獣医師に言われましたが、手術中や術後にペットは痛みを感じないのですか？

A　もちろん、感じます。「動物は痛みに強い」という根拠はありません。アメリカではペイン・マネジメント（痛みに対する配慮）が常識です。

動物も私たちと全く同じで、喜んだり、悲しんだりすると同時に、体にメスを入れられれば痛いと感じます。そのため、手術中は麻酔が浅いせいで痛みを感じないように注意を払い、また麻酔から覚めた後は、鎮痛薬（痛み止め）を使用して痛みを最小限に抑えます。

アメリカで一般的なペイン・マネジメント

アメリカ獣医師会が全米規模で調べた報告によると、州により五割から九割の獣医師が不妊手術後に鎮痛薬を使用しています。いわゆるペイン・マネジメントといい、痛いと訴えることができない動物に対し、術後の痛みを察知して鎮痛薬を使用することは、獣医師のモラルとして当たり前という風潮があります。

ところが一五年前、私が獣医大の学生だった時は、全く反対でした。当時の外科の教授は生徒に対し、

「動物は痛みに強く、多くの場合痛みを感じない。下手に痛みの心配をして、痛み止めを使うと命を落とすことがある。麻酔も深すぎるよりは、多少意識があっても浅いくらいの方が安全である」

と教えていました。当時は鎮痛薬の種類も限られていたのは事実ですが、「動物は痛みに鈍い、感じない」なんて、いったい誰が証明したのだろうと疑問に思ったのを鮮明に覚えています。

アメリカでは、むしろ手術中に動物が目覚めた、苦痛を感じたなどという事実がわかったら、動物虐待で訴えられますし、獣医師としてのモラルも問われるでしょう。適切な器具を備えて、最新のテクニックを用いている獣医師なら、動物に痛みを感じさせることなく、安全に手術をすることは可能です。

動物は手術の後に「痛い」と言葉で訴えることはできません。また、痛みを感じている時の表現の仕方も個体によって差があります。じっとうずくまって痛みに耐える子もいれば、何ごとかと思うような声で絶叫する子、クンクン鳴く子、うなる子、吠える子、さまざまです。ペイン・マネジメントの難しさはここにあるのです。痛みの度合いをどう客観的に測定するか、その方法は未だに確立されていません。しかし、「痛い」と言えないことと、痛みに鈍感なことは全く別の事です。最近までペイン・マネジメントがおろそかにされていたのは、そんなところに理由があるのかもしれません。

術後の痛み止めは必要

人間は、どんなにがんばっても他人の肉体的な痛みを自分のものにすることはできません。自分が同じ痛みを体験して初めて、「あの時あの人は、こんな痛みを感じていたんだ」と理解します。おそらく不妊手術の痛みは、人間には永遠に理解できないのかもしれません。しかし、人間には心があります。他人の苦しみを心で感じてあげることができます。手術後の動物の痛みを察知してあげる、そしてそれを緩和する痛み止めを投与してあげる、これは心を持つ人間だからできることです。獣医師も、動物の医者というプロであると同時に、心を持った人間でありたいものです。

この分野は毎年のように目まぐるしく発展している途中です。新しいタイプの鎮痛薬が次々に開発されています。どれだけ上手に鎮痛薬を使用するかというのは、その獣医師がどれだけよく勉強して最新の医療から遅れないでいるかとも言えるでしょう。不妊手術には痛み止めを使用していない、という獣医師は、あまり勉強熱心ではないのかもしれません。

Q19　動物病院選びのポイントを教えて

近くにいくつも動物病院があります。不妊手術の料金にも差があります。不妊手術をお願いする時、どのようなことを基準にして獣医さんを選んだらよいのか教えて下さい。

A　不妊手術に失敗しないための動物病院選び10のチェックポイントを挙げました。

あなた自身が直接獣医師とお会いした上で、手術に関する質問をした時に、納得のいくように説明してくれる獣医師を選ぶことをお勧めします。一般に、不妊手術の料金と技術の高さとは全く別のものです。料金が高いから技術が優れているという事実はありません。優れた獣医師はよく勉強して、日進月歩する医療にもよく対応しているはずです。逆に、何十年も前の知識と技術で不妊手術を行う人もいるかもしれません。以下のことを参考にするとよいでしょう。

不妊手術のための10のチェックポイント

① 手術前の絶食時間について

前の晩から食餌抜きを、あるいは水も与えては駄目という獣医師は、一〇年前の時代遅れの知識の持ち主。最新の見解では、八時間程度の絶食のみで十分であるとされています。

② 手術後の食餌について

術後の食餌についても、「今晩はあげないで下さい」と言うのは古い獣医師。

③ スタッフについて

複数の獣医師あるいは助手がいるか？　たった一人で手術をしている獣医師は、麻酔モニターが不完全になります。

④ 手術の切開線について

傷口があまりにも小さいのは、卵巣だけ取っていたり、あるいは子宮を完全に除去していない可能性があります。小さい傷口を誇る獣医師は時代遅れ。

⑤　縫合糸について

　ノラ猫の場合、吸収性の糸で皮下縫合し、抜糸の必要をなくすべき。それをしないで後日抜糸をするように指示する獣医師は、皮下縫合の技術を持ち合わせていないか、安い縫合糸を使用している可能性があります。

⑥　不妊去勢手術をする年齢について

「一回目の発情が来た後がよい」と言うのは、三〇年前の知識の獣医師。

「生後六か月になってから」と言うのは、一五年前の知識の人。

　現在では、生後四か月くらいから、なるべく早い時期に行う方がよいというのが一般的です。生後四か月以前は〝早期不妊去勢手術〟といい、麻酔や手術の方法も若干違ってきます（Q20欄参照）が、アメリカでは、生後六週齢から安全に行われています。

⑦　体重測定など手術前の診察について

　手術後、動物の体重を聞いてみよう。カルテに正確な体重が記載されていない場合は、きちんと体重測定していない証拠。手術前の診察もていねいに行っていない可能性が高い。

⑧　手術前の問診について

　よい獣医師は、手術前に飼い主に細かい部分を尋ねるはず。家の中で飼っているか、外飼いか、通常何を食べさせているか、他に動物はいるか、運動量、過去の大きな病気、現在服用している薬など。これらの質問をしない人は問題外。

⑨　手術の説明について

　手術や麻酔に関して心配である旨を正直に伝えよう。どれだけ安全かというのを時間を割いて説明しない人は問題外。逆に動物の健康状態により、術前の血液検査、尿検査、心電図検査、あるいはレントゲン検査などを勧めるのは、良心的な獣医師と言えます。全ての動物に一律料金、同一方法で手術する必要性はないのです。

⑩ 手術後の化膿止めと、痛み止めについて

消毒された機具器材を使い、スムーズに手術が行われた場合は、手術後、通常抗生物質（化膿止め）の飲み薬を投与する必要はありません。抗生物質の乱用は医療界で問題になっており、広い意味で環境汚染につながっています。手術後に抗生物質の飲み薬を処方する獣医師は、機具消毒に自信のない人か、時代遅れの人である可能性があります。

アメリカでは、手術後に痛み止めの薬を処方する獣医師がほとんど。少なくとも、「動物が痛がるようでしたら連絡下さい、痛み止めを渡しますから」くらいの配慮はほしいものです。

Q20 早期不妊去勢手術とは？

アメリカでは、すごく小さな子犬子猫に不妊手術をしていると聞きました。〝早期不妊手術〟って何ですか？

A 犬猫の人口過剰問題の解決のため、里親に手渡す前の生後六週齢からの子犬子猫に行われている不妊去勢手術です。

前述したように、不妊去勢手術をする年齢は、時代とともに少しずつ変化してきました。三〇年前は犬も猫も初回の発情を迎えてから、性成熟に達してから行うべき、という説が主流でしたが、現在、アメリカではほとんどの場合、生後四〜六か月齢というのが主流になっています。

しかし、一部の獣医師やシェルターでは、もっと早い時期に手術を行っています。犬も猫も、特に猫は早い場合は生後六か月に達する前に発情、妊娠してしまいます。少数ながらもこのような〝間違って妊娠〟してしまうケースは後を断たず、一回の失敗で複数の子犬や子猫を生んでしまい、結局いつまで経っても犬猫の人口過剰問題は解決されないと認識されるようになりました。

そういうわけで、アメリカでは八〇年代後半から、「もっと早い時期に不妊去勢手術を」という意識が芽生えて、九〇年代に急速な勢いで全米に浸透しました。現在では、ほとんどのシェルターや動物愛護病院で受け入れられているスタンダードな手術方法になっています。これは一般の手術と区別して〝早期不妊去勢手術〟と呼ばれ、生後七週からの子犬や子猫に行われています。

不幸な命を作らない早期不妊去勢手術

シェルターや動物愛護団体では、ほとんどの場合、里親にもらわれるのは、若い子犬や子猫です。理由は単純。新しく犬や猫を飼う場合、成犬、成猫よりも、かわいらしい子犬・子猫をほしがる人が大多数だからです。そして、新しい飼い主に動物を手渡す前に、生後二か月余りの子犬・子猫に不妊去勢手術を行うと、将来絶対に〝間違って妊娠〟してしまうことがなく、一〇〇％確実に繁殖を予防できます。

とはいえ、間違って妊娠するケースはそれほど多くないだろうし、責任のある飼い主であれば生後六か月になればきちんと不妊去勢手術をするだろうし、何も小さな子犬子猫にメスを入れる必要はないのではないか、かわいそうではないかという声もあるかもしれません。

しかし、早期不妊去勢手術が一般化する以前に、全米で以下のさまざまな試みがなされてきましたが、どれも失敗に終わっています。

① 飼い主を啓発した

新しい飼い主に子犬や子猫を渡す時、アメリカでどれだけ多くの犬猫が過剰に余っているか、毎年どれだけ多数安楽死されているかを説明し、また不妊去勢手術の医学的、遺伝的、行動学的なメリットを教えて、生後六か月になったら必ず手術を受けるように指導しました。しかし、一部の人は手術のことを守らず、結局シェルターにやってくる子犬子猫の数は減少しませんでした。

② 法律、条例で不妊去勢手術を義務化した

それでは手術を義務化すればよいということで、アメリカのほとんどの州では現在、「シェルターや動物愛護団体からもらわれた犬と猫は、必ず不妊去勢手術を受けなければならない」という法律を施行しました。カリフォルニアの場合は、生後一〇か月に達する前に手術をしないと罰金対象にしました。

しかし、この法律が施行されても、また罰金が科せられても、やはり一部の人は手術のことを忘れてしまい、〝間違って妊娠〟してしまうケースはなくなりませんでした。犬も猫も一回の出産で多数の子を生みます。一〇匹に一匹が間違い妊娠を起こしたとしても、結局動物の人口は減らない計算になります。

もちろん、地域によっては、手術をする年齢制限を早めたり、罰金を上げたりとさまざまな努力が行われましたが、結局どれも効果がありませんでした。

③　手術料金の前金制度を導入した

それならばということで、里親にもらわれる時に、あらかじめ不妊去勢手術料金を前金として払ってもらうか、あるいは頭金として一部を払ってもらうという制度を導入しました。人間の心理として、お金をすでに払っておけばいつまでも忘れないものです。しかし、これも結局は大きな効果を上げることはありませんでした。やはり一部の人は〝あやまって妊娠〟させてしまったり、引っ越しや犬猫が逃げてしまったなどという理由で、結局手術しない動物が後を絶ちませんでした。そして、こういう一部の動物が繁殖してしまい、全体の犬猫の人口は減少しなかったわけです。

早期不妊去勢手術は、以上のような問題を一気に解決することになりました。飼い主に動物を渡す時点ですでに動物は絶対に繁殖できないのですから、一〇〇％完全に繁殖を予防できる方法なのです。現在カリフォルニアでも多くの行政区で、里親にもらわれる時点で強制的に不妊去勢手術を受けるということを義務化しています。

早期不妊去勢手術については、あまりにも早い時期に手術を行うことで、その副作用が心配されてきました。が、多くの臨床調査や基礎実験により、現在では生後六、七か月で手術するのと同様、副作用はないとされています。

現在アメリカでは、シェルターなどですでに主流となってきていますが、早期不妊手術はどこの動物病院でも行われているわけではありません。また、獣医師にとっても、通常の不妊手術ができるから、即、早期不妊手術もできるというわけではありません。

手術方法は、通常の場合と細かい部分で異なりますし、また動物の麻酔管理や、術前、術後の管理も当然違ってきます。きちんとしたトレーニングを受け、またそれなりの設備とテクニックを有した獣医師でなくてはなりません。しかし、早期不妊去勢手術は、年々多くの獣医師に受け入れられ、さらに多くの病院でも実施されるようになってきました。

〝早期不妊去勢手術〟は、まさしく未来に向けての手術と言えます。これから、特に、シェルターを中心にますます広がっていくことが予想されます。

第五章

ペットの整形手術は必要ですか

獣医師が行う手術には、大きく分けて二種類あります。医学的に必要な手術。それから、美容上の理由から行う整形手術。犬にまで美容整形と驚く方もいらっしゃるかもしれません。

しかし、ドーベルマンは、あのようなつんと上に伸びた耳をして生まれてくるわけではありません。本当はビーグル犬のようなかわいらしい垂れた耳をしているのですが、手術をして耳を細く尖らせ、それを無理に立たせるようにしているのです。ロットワイラーは、生まれた時はちゃんとした尾があります。それを手術で短くしているから、あのような独特のお尻の形をしているのです。プードルも、ヨークシャーテリアも、生まれた時はみごとに長い尾をしています。私たちが目にする〝純血種〟の多くは、美容上の理由で尾を切られ、耳を切られているのです。

しかし、人間と犬とでは、一つ、大きく異なることがあります。例えば、人間が自分の目を二重まぶたに変えたいとか、鼻をもっと高くしたいと思って美容整形手術を決心するとします。これは、その人が自分で望んで行う手術で、自由意思による判断です。自分で望んで行う手術ですから、手術後、多少痛くてもがまんできることでしょう。

しかし、犬の場合は自分で望んで耳や尾を切るわけではありません。人間が「ドーベルマンの耳は尖って立っているべき」とか、「ヨークシャーテリアの尾は短くあるべき」と決めているにすぎません。手術をされる犬にとっては、大きな迷惑に違いありません。

もう一つ、忘れてはいけない事実があります。それは、犬の尾を切る場合、通常生後二〜五日という新生児で行うのですが、麻酔は一切使わず行われているのが普通です。

アメリカでは一〇年程前から、〝獣医師の倫理〟ということが議論されるようになってきました。現在、多くの獣医師が「美容上の理由で犬の耳や尾を切らない」ことを実行し、それを獣医師としての誇りにしています。

これからますます国際化していく日本ですが、欧米の世論を紹介すると同時に、私たちが動物のためにできることを一緒に考えていけたらと思います。

なおこの章では、純血種犬の尾切り、耳切りの他にも、人間の一方的な都合で行う手術として、声帯除去手術、それから猫のつめとり手術も取り上げます。

私は獣医師として、いかなる手術も医学的に必要と判断されない限り、行うべきではないと考えています。また、ペットの飼い主として、愛する犬や猫に痛い思いはさせたくないと常に思っています。そして女性として、容姿や外見ではなく、中味で勝負することの大切さをいつも忘れないでいたいと考えています。

犬の耳を切ること

耳切り手術とは

ボクサー、グレートデン、シュナウザー、ドーベルマンなどの犬種を対象に、耳を切断して、特殊な金属製、プラスチック製のギブスを用いて、耳が曲がらないでつんと上を向くように仕掛ける手術です。

手術を行う犬の年齢は、その犬種や獣医師により若干差がありますが、通常生後九週から一二週齢で、耳たぶの軟骨が完全に発育する前に行うのが一般的です。

耳たぶは毛細血管が非常に豊富な組織なので、手術中、多量の出血を伴います。耳たぶは同時に感覚神経が発達した組織ですから、麻酔から覚めた後は、おそらく非常に激しい耳の痛みを経験することでしょう。

耳を切られたという肉体的な痛み、そのうえ、包帯やギブス、エリザベスカラーなどを巻かれて、しかも飼い主から離れて病院の入院室のケージで過ごすのですから、生後二、三か月という子犬にとっては、非常にショッキングな出来事に違いありません。

さらに、通常退院してから数日目、二週間後、三週間後、四週間後には再び動物病院を訪れなくてはなりません。包帯を外して手術の患部を消毒し、必要に応じて抜糸をし、また包帯やギブスを巻くという手術後の処置を繰り返すためです。通常、包帯の交換や患部の消毒は麻酔なしで行われるため、犬はこの痛い処置にじっと耐えなくてはなりません。

なぜ耳を切ることはいけないの？

生後二か月〜四か月齢は、ちょうど犬の精神の形成にとても重要な時期と重なっています。この時期、犬は生活上の基本的ルール（決められた所で排便や排尿をする、尿意を催したら家族に知らせる、夜間に吠えないなど）を学ぶ時であり、また散歩に出る時はリードを引っぱって歩かない、よその犬やすれ違う人に飛びつかない、というような社会的なルールを習得する時期です。それには、飼い主との親密な心のつながりが必要になります。飼い主を信頼し、服従し、そして一緒に遊ぶことで犬は心身共に成長するのです。

この精神的、肉体的な形成に一番大切な時期に、動物病院に入院させられ、痛い手術、寂しい入院、わずらわしい包帯ギブスといったショッキングなことが続き、そして退院してからも数回にわたって痛い包帯交換を繰り返すと、精神的に非常に不安定になり、飼い主を信頼する気持ちが薄らぎます。妙に神経質になる、ちょっとしたことで苛立って人間に噛みつく、人間を異常に恐れて襲いかかるというような異常行動は、飼い主との信頼関係が薄れ、何かひどい精神的な痛手を受けた犬に多く見られます。

また、犬の耳たぶは無用についているわけではありません。元来耳たぶは、音を受信するアンテナの役割があります。例えば、突然車が後方からやって来た時、敏速に音をキャッチすることが求められます。耳たぶを切られてしまった犬は、本来アンテナの役目をしていた部分が極端に小さくなっているわけですから、音をキャッチする機能が衰えても不思議ではありません。

さらに、犬にとって耳たぶは、感情を表現する部分でもあります。うれしい時、リラックスした時の耳は横になります。興奮したり、誰かに威嚇を示す時は、前方に立てます。非常に恐れたり誰かに服従する意思がある時には、後ろの方に伏せます。犬にとって耳は、声、尾と共に感情を表現するために使われる器官でもあるのです。現在では、犬は集団で生活することはなくなり、犬の間で感情を表現し合う機会は減りましたが、それでも感情を自由に表現できない肉体を持つことは、精神的にもよいはずがありません。

私たち人間は顔の筋肉を使って感情を表現しますが、顔の筋肉の一部を切り取られ、微笑んだり、笑ったり、怒ったり、泣いたりすることがうまくできないとしたら、あなたは気持ちよく生活できますか?

欧米での現状

現在アメリカでは、多くの獣医師が耳切り手術を行わない主義を採っています。獣医師の社会的な任務は、動物の健康と予防医学を推進することであり、人間側の理由から行う耳切り手術は、獣医師の任務ではないと信じて手術をしないわけです。耳を切らないドーベルマン、ボクサーが非常に増えてきており、ロサンゼルスでは耳を切っていないこれらの犬が時代の先端を行くスタイルになり、若者を中心に市民に受け入れられるようになりました。アメリカンケンネルクラブ(AKC)でも、一九九四年から耳を切っていない純血種犬にもドッグショーに参加する資格を与え、ショーの審査員は、整形手術をした犬としない犬を同等の基準で判断するように義務付けられました。これによっても耳切り手術をしない純血種が急速に増えています。

スウェーデンやドイツを初めとする多くの北欧の国では、法律で犬の耳切りを禁止しており、獣医師が耳切り手術をすると、罰金や免許剥奪の対象になります。

犬の尾を切ること

尾切り手術とは

ボクサー、ドーベルマン、エアデールテリア、ウエルシュコーギー、オールドイングリッシュ・シープドッグ、ポインター、ヨークシャーテリア、プードル、スパニエルなどの犬種を対象に、〝生まれたばかりの新生児〟の時期に尾を切断する手術です。

尾切り手術は通常、獣医師が動物病院の中で行います。しかし、一部の経験のあるブリーダーや獣医アシスタントが動物病院以外の場所（一般の家など）で行う場合もあるとも言われています。獣医師以外の人間が動物に手術をすることは明らかに違法であり、衛生上の視点からも、動物病院以外の場所で手術をするのは非常に危険であると言えます。

尾切り手術は、助手に新生児をしっかりと持たせ、獣医師は手術用のメスで、尾を一気に切断します。この時出血するので、電気止血器で患部を焼灼したり、手術用の糸で縫合します。

麻酔や沈静薬は一切使用しないわけですから、手術中、子犬には意識があります。メスで尾を切断する瞬間、子犬は大声で悲鳴を上げ、全身の力を振り絞ってもがきますが、助手がしっかりと抑えているのでどうすることもできません。悲鳴はその後、患部を焼灼したり縫合したりする時も続き、その後悲鳴は弱まって、鳴き声ともうめき声とも言える声に変わり、手術後一五分くらい鳴き続けます。

なぜ麻酔を使わないのか、と思われるかもしれません。通常、生後数日の子犬は、まだ肝臓や腎臓の機能が発達していないので、麻酔を用いると命を失う危険性が高くなります。

では、子犬がもう少し大きくなるのを待って、安全に麻酔をかけられるようになってから、麻酔下で尾切り手術を実行するのはどうでしょうか。確かにそれも可能です。しかし、一匹ずつ麻酔をかけ、尾を切るという作業を数匹の子犬に行うと、時間も長時間になり、麻酔を使う分コストも高くなります。ですから、ブリーダーや犬の飼い主は、無麻酔で行える出生直後の時に行うのを好むわけです。また、ブリーダーの場合、生後七週齢前後で新しい飼い主に売るわけですが、それ以前に尾切り手術を済ませておくのを希望します。新しい飼い主に対して、「この犬はまだ尾切り手術をしていないから、あなたが自分で獣医師のところに連れて行って手術をしてもらいなさい」と言うと、たいていの人は面倒くさいので、すでに尾切り手術が終わっている子犬を探すことになるからです。

尾切り手術について、古くから賛否両論が交されてきました

手術賛成派（少数派）の意見として、「尾切り手術をするのには医学的な理由がある。例えば、使役犬やスポーツ犬は、そもそも狩猟の時に森の中を走ったり、池を泳いだり、あるいはレースで他の犬と競ったりするので、長い尾をしているとそれがじゃまになり、けがをしたり、労働に差し支える場合が出てくる」というものがあります。

それに対し、以下の反論が主流になってきています。

「確かに、長い歴史をみても、使役犬は労働時に発生する事故を予防するために、耳や尾を切っていた時代があった。

しかし、現在ではほとんどの犬は家庭でペットとして飼育されており、実際に労働に使用されることはほとんどない。仮に尾を切っていない犬が、狩猟のために森や草原の中を走り

回った場合、いったい何パーセントの犬の尾にひどいけがが発生するであろうか。それほど高率に発生するとは思えない。ごくわずかな割合で発生する尾のけがのために、全ての新生児が尾を切らなくてはいけない理由はどこにあるのか」

なぜ尾を切ることはいけないの？

耳と同様に、犬の尾も無用についているわけではありません。尾には、本来の役目があります。

まず、尾というのは、体の中心を走る脊椎という骨の一部であるということです。解剖学的には頭蓋骨に始まり、頸椎、胸椎、腰椎、仙椎そして尾椎というふうに連結しています。このように体の中心を一直線につらぬく脊椎は、生きるのに必要なさまざまな神経を運び、また体をバランスよく保って統合している大黒柱のようなものです。犬の尾切り手術では、この脊椎の三分の一から四分の一を切り取っています。本来きちんと機能を持っている部分を切り取ることで、犬の体のバランスがくずれて、体の均整が保たれなくなる可能性があります。

また、耳と同様に、犬の尾は感情を表現する部分でもあります。犬がうれしい時に尾を振ることは皆さんもご存じかと思います。攻撃的な時は尾を後方に立て、恐怖を感じている時の尾は足の間に丸めます。このような感情を表現する機能を奪われてしまった犬は、果たして気持ちよく生活することができるでしょうか。

さらに、健康な子犬の尾を切る手術をすることは、その後、感染症を起こす可能性を誘発します。新生児は自分で便や尿を処理することができませんから、母犬がなめてきれいにするか、人間が清潔に保たない限り、たれ流し状態です。不幸にして犬の尾を切った部分は、便や尿が付着しやすい部分にあり、手術の後は、これらの汚物によって非常に感染しやすい状態になります。切り残された部分の尾が感染すると、さらに短く尾を切断しなくてはなりません。感染が進行すると、脊椎を伝ってあっという間に全身に広がるからです。残念ながら、尾切り手術後の感染症により再手術を余儀なくされたり、命を落とす子犬が未だに存在しています。

欧米での現状

アメリカでは、尾切り手術は耳切り手術よりも広く行われています。しかし、ここ数年、尾切り手術の不必要性が盛んに論議されるようになり、多くの獣医師が〝尾切り手術をしない〟という立場を取るようになってきました。

同様に、ブリーダーの中でも、耳は切らなくても尾は切るという人が多く見られます。その理由は、生後七週齢という子犬を売り出す時になって、「尾切りしていないなら買わない」と言われるよりは、出生直後に尾切りをしてしまい、売れ残りを作らない方が先決だからだそうです。また、尾を切っていないと、「ヨークシャーテリアらしくない」「プードルらしくない」と言って嫌う人間がいるのも事実です。

しかし、アメリカンケンネルクラブでは、ドッグショーで尾切りをしていない犬も同様の基準で審査判定することが義務付けられ、ここ一、二年の間に尾切りをしていない犬が非常な勢いで増えてきています。尾の長いプードルやコッカースパニエルなどが大都市を中心に流行し出し、耳切りと同様、時代の先端をゆくファッションのような感覚で、若者を中心に受け入れられてきました。

また、耳切り手術と同様、ドイツやスウェーデンを初めとするヨーロッパの多くの国では、尾切り手術は法律で禁止されています。

犬の声帯を除去すること

声帯除去手術とは

声帯除去手術とは、吠えることで飼い主が迷惑していたり、近所に迷惑をかける犬、あるいは、吠えるという行為は必要ないとされている研究所の実験犬や動物病院内の輸血用血液供給犬などを対象に、喉頭部にある声帯の一部を除去することにより、発声できなくする手術です。

実際には、この手術を受けた犬も吠えようとするのですが、空気が通過するような音や、ごくわずかなかすれた声のみが出るだけで、大きい吠え声を出すことはありません。私たちがカゼをひいてひどい喉頭炎を患うと、しゃべろうとしてもかすれた声しか出てきません。ちょうどこれと似たような状態を手術で作り出すわけです。

声帯除去手術は、重要な神経や血管が集中している喉の部分の皮膚及び筋肉を切開するため、事故や神経のダメージが発生しやすく、一歩間違えると喉頭麻痺を起こし、食べ物を飲み込むことができなくなったり、甲状腺機能障害や各種の神経麻痺症状が現れます。高度な技術と経験を必要とし、リスクの高い手術とされています。

またこの手術は、麻酔覚醒後は非常に痛みを伴ううえ、手術後数日間は、食物を飲み込む時にも相当の痛みを感じます。

なぜ声帯を除去するのはいけないの？

犬は吠える時以外にも声を発します。声帯を奪われた犬は、コミュニケーションの手段を奪われたことになります。

突然鋭い痛みを感じた時、犬はキャンと鳴いてそれを訴えます。寂しい時や恋しい時、犬はクンクンと鳴いてその感情を示します。怒る時は、ウーと低くうめきます。

このようにコミュニケーションの重要な手段として機能している声帯を除去されることにより、犬が〝ストレス〟を感じないはずはありません。喉頭ガンで不幸にして声帯を除去しなくてはならなくなった人が、話せなくなることで感じている〝不便さ〟〝ストレス〟を想像してみて下さい。犬の耳や尾と同様に、声帯は犬が生きていくうえに必要だから存在しているのです。

では、どうすれば良いのでしょうか

なぜ、犬が吠えるといけないのでしょうか。近所迷惑だから。飼い主が迷惑するから。耳障りだから。では、なぜ犬は吠えるのでしょうか。文句があるからです。飼い主に対して何かを伝えたいから、犬は吠えるのです。あるいは吠えることが悪いことだというのを認識していないから吠えるのです。

定期的に十分な食餌を与え、運動をさせ、毎日十分な刺激（散歩に行くとか、飼い主と遊ぶとか）を受けて、飼い主との信頼関係ができあがっている犬は、むやみに吠えることはありません。玄関のベルが鳴ると吠える犬は、それがいけない行為であるということを教えられていないからするのです。飼い主がきちんとしつけることで、犬は吠えなくなります。犬をきちんとしつけるためには、犬との信頼関係がなくては成り立ちません。犬に快適な生活環境がなければ、犬は不満のために吠え出します。それゆえ、飼い主として自分の犬をきちんとしつけること、そして犬にとって快適に過ごせる毎日であることが重要なのです。それをしないで、「吠えるから手術」というのは、あまりにも人間の勝手であると言えましょう。

同様に、研究室の犬も、動物病院の輸血用血液供給犬も、〝たいくつ〟だから吠えるのです。一日中狭いケージの中で過ごすのに飽きたから吠えるのです。彼らは特殊な状況で飼われている犬ですが、人間の都合で飼育し、利用されている犬と言えます。「お前は黙って血液だけ供給していればよい」という人間のおごりにすぎません。

声帯除去手術を決心する人は、みな口を揃えてこう言います。

「いろいろ試したんだけれど、どれも効果がなくて。今となっては保健所に行くか、手術をするかの二つしか道はなくて。犬にとっても、保健所で殺されるよりは、吠えることができなくても生きている方がいいかと思って」

多くの場合、吠えると電気ショックが走る犬の首輪とか、吠えると嫌な臭いを発する首輪などを購入して試し、獣医師のところで沈静薬をもらって飲ませて、結局どれも効果がなくて断念しているようです。このような飼い主を見て思うのは、犬を愛することとお金をかけることを混同しているように思います。吠える犬に必要なのは、飼い主の優しい愛情です。飼い主の厳しいしつけです。どんなハイテク機器も、犬の吠え声を止めることはできません。愛情を持って犬をしつけるには、毎日犬のために時間を割かなくてはなりません。忍耐も必要です。そしてそういう飼い主の努力が、吠えない犬を作り出すのです。

欧米での現状

現在アメリカでは、声帯除去手術を行っている獣医師はほとんど見られなくなりました。声帯除去手術は残酷、という認識が広まっており、多くの人がしつけに高い関心を示しています。その代わり、しつけに失敗してむやみに吠える犬になってしまった場合などは、手術よりはシェルターに持ち込んで安楽死を希望する人が多いのです。実際、アメリカのシェルターで成犬が持ち込まれる第一の理由は、〝望ましくない行動〟によるものです。これには、吠えることの他に、狂暴で嚙みつく、誰にでも飛びつく、何でもかじって破壊するというものが含まれます。

スウェーデンを初めとする北欧諸国の多くは、声帯除去手術は法律で禁止されており、この手術を行った獣医師は罰金、免許剥奪の対象になります。

猫のつめを除去すること

猫のつめとり手術とは

つめとり手術は、猫が家具やじゅうたんなど好ましくない場所でつめとぎをしたり、じゃれる時につめを出して、人間がひっかき傷を負うのをおそれる場合に、そのつめ（実際は指の第三関節の部分）を除去するために行われる手術です。

手術は全身麻酔で行われ、両方の前足のつめ全部をとる場合（合計一〇本）と、両手、両足の全てのつめをとる場合（合計一八本）があります。

手術執刀者は、まず猫のつめの付け根を押して、つめを出した状態にします。そして、手術用のメス、あるいは専用のつめきり器で第三指骨と第二指骨の関節部分を切ります。その後、手術用の縫合糸で皮膚を寄せて縫い閉じるか、あるいは手術用の滅菌接着液で患部を閉じ合わせます。

指は、非常に痛みを感じやすい部分です。特に、つめと一緒に指の骨を切断して取ってしまうわけですから、猫は手術後は非常に強い痛みを訴えます。ですから多くの場合、痛み止めの注射をして、猫が痛がるのを和らげます。また、包帯を巻かれた手は猫にとって非常に不愉快なため、包帯をかじったり、さかんに舐めて抵抗します。特に猫は、排便や排尿をする前に、猫用の砂を手でかき混ぜてから用を足すので、手に包帯を巻かれた状態ではトイレに行けない猫がいます。また、包帯を外した後も患部が痛いので、トイレに行きたくてもがまんする猫もあります。猫のトイレは普段の砂ではなく、清潔な紙を細かくちぎったものか、特殊なペーパーでできた砂を使用しなくてはなりません。手術をした部分に砂が入るのを防ぐためです。神経質な猫の場合、いつもと違うトイレの砂（紙）のためにトイレをがまんすることもあります。

なぜ、つめを除去するのはいけないの？

猫は非常に痛い手術を経験し、少なくても二日は動物病院の狭いオリの中で寂しい思いをし、わずらわしい包帯に悩まされて包帯をかじったり、舐めたり、手を一生懸命振って過ごします。トイレに行きたくなっても、見慣れない砂のトイレだし、しかも手が痛いので、がまんして排便排尿するのを拒否する猫が多々あります。そのため、膀胱炎《ぼうこう》を併発する場合があります。入院中は出された食餌にも一切口をつけない猫がほとんどです。

どんなに気をつけても、猫は器用に包帯を取ってしまう場合があります。血管を圧迫している包帯が取れてしまうと、時には患部から出血が始まり、迅速に処置をしないと出血多量で命取りになることもあります。

また、晴れて退院して家に帰っても、手術をした患部からバイ菌が入って指が感染してしまうことがあります。これは、まだ傷口が完治していないのに、猫が外に出てしまったり、猫のトイレの砂が清潔なものではなかった場合、あるいは自分で傷口を舐めることでも、感染症が起こります。

つめとりという表現を使っていますが、実際には、指の第三関節の部分から切り取ってしまいます。すなわち、人間で言えば指先を全てなくした状態になります。指先がなくなった状態で、あなたは以前のように快適に生活できると思いますか？

猫のつめとり手術は、指切り手術と表現するほうがふさわしいかもしれません。このような痛い手術、数日に及ぶ入院、その後の不便さを考えると、猫にとっても肉体的、精神的に非常にショッキングであるに違いありません。

では、どうすれば良いのでしょうか

猫のつめは、本来、獲物を捕まえてそれを食料とするのに使用されていました。飼い主が食餌を与える現在では、食料としての獲物を取る必要はなくなりましたが、それでも一部の猫は未だにレジャーとして、狩りをし、昆虫や鼠、鳥類などを捕獲し、場合によってはそれを食べることがあります。

なぜ猫がつめを研ぐのかについては、さまざまな説がありますが、おそらく、つめを最適な長さに保つために必要であると言われています。また猫の足の裏には匂いを発する臭腺があるため、テリトリーを示すために所定の場所をひっかき、匂いをマーキングしているという説もあります。いずれにしても猫がつめを研ぐのは〝習性〟であり、その生まれ備わったものを人間の勝手な都合で奪い取るのは間違っています。

確かに猫は、つめを研ぐ時に家具やじゅうたんを使います。市販のつめ研ぎ器を買い与えても、なかなか思ったように使ってくれないのが現実です。猫のつめとり手術を真剣に希望している人には、私は次のようにアドバイスをして、手術をやめさせるようにしています。

① 家具やじゅうたんには感覚がない。でも猫にはある

猫に手術をする代わりに、家具に保護用の布やビニールを被せて保護してみて下さい。猫がひっかく部分は通常決まっているので、そこにキッチン用アルミフォイルを被せたり、両面テープを張って猫がひっかけない状態にするのもよいでしょう。市販の臭いスプレーは効果がないものが多いようです。

② 高価な家具やじゅうたんは初めから買わない

人間の赤ちゃんに、クリスタルの食器を使わせる人がいないのと同様に、猫を飼うからには高価な家具、じゅうたんを所有しようと思わないことです。犬にしろ猫にしろ、室内で飼育する以上、ある程度の破損は仕方ありません。インテリアに凝ってどうしても室内を完璧な状態にしておきたいのなら、初めからペットを持つべきではないでしょう。

③ 猫の好むつめ研ぎ器を与える

市販のつめ研ぎ器もずいぶん改良されてきています。ある猫は段ボールの素材が、ある猫はじゅうたんが、またある猫は木でできたものを好みます。麻のようなロープを好む場合もあります。自分の猫の好みの素材を見つけることが肝心です。また、一般に猫は背伸びをして高い部分でつめを研ぐ傾向があります。多少値段が高くなりますが、最低一メートルは高さのあるつめ研ぎ器を購入することを勧めます。またたびの粉などを蒔いて猫の興味を引き付けるのもよいでしょう。要するに、猫が気に入ればつめ研ぎ器を使ってくれ、結果的に家具のダメージが減ります。

④　しつける

多くの猫は、人間とじゃれて遊ぶ時に、つめを出してはいけないということを知らないために、つめを使います。猫とじゃれる時は、猫じゃらしやおもちゃを使い、決して手で遊ばないことです。そして、猫がじゃれながら人間に対してつめを出したら、きちんと叱ることです。

また、猫のつめを定期的に切ってあげることも効果があります。人間用のつめ切りでつめの先をカットします。人間も猫も少し練習する必要がありますが、慣れると非常に簡単にできます。定期的に短くカットすることで、家具やじゅうたんのダメージがずっと減りますし、誤って人間がけがをすることを防げます。また、ソフトポーという、猫のつめに被せるつめの保護セットも市販されています。ソフトポーは四週から六週間しか持続しませんが、正しく使用することで家具の被害をくい止めることができます。

欧米での現状

アメリカでは、日本よりも猫のつめとり手術を希望する人が多く見られます。二〇年程前にはとてもポピュラーで多くの家猫がつめとり手術を受けましたが、現在では多くの獣医師が猫のつめとり手術に反対しています。飼い主にカウンセリングをして、つめを切る、ソフトポーを処方する、などのアドバイスを行い、それでも飼い主が希望する場合にのみ、手術をするという獣医師もいます。

しかし、つめとり手術は非常に痛みを伴い、人道的ではないという声が高まると同時に、この手術を実行しないという獣医師が年々増えています。カリフォルニアのデービス獣医大学でも、つめとり手術には反対の立場をとっており、獣医学生には一切その手術の手法を教えていません。

スウェーデンを初めとする北欧諸国の多くは、つめとり手術は法律で禁止されており、この手術を行った獣医師は、罰金、免許剥奪の対象になります。

獣医師のモラルとは

一獣医師として、私は生まれて初めて一人で手術をした時の感動を、今でもはっきり覚えています。動物は時に病気になり、手術が必要になり、手術が動物の命を救うことが多々あります。

また、不妊去勢手術は、ペットの人口過剰問題と、予防獣医学の両方の視点から、獣医師が行う社会的な任務である、と私は捉えています。そんなわけで、今まで私は数え切れないほどたくさんの動物にメスを入れてきました。

しかし、これまで取り上げてきたいわゆる〝整形手術〟は、医学的に必要な手術ではありません。もちろん、耳や尾に非常に重篤なけがを負い、耳切り手術、尾切り手術を余儀なくされるケースもありますが、ここで取り扱っているのは、あくまで健康な犬や猫が人間の好みで手術をされているものばかりです。医学的理由ではない手術なのです。

多くの人は、尾切りや耳切りが〝オプション〟である、ということを知らないでいます。「あら、プードルだから尾が短いのは当然かと思ってたわ」という軽い気持ちの人がほとんどです。私は、一人でも多くの人に整形手術の不必要性を理解してもらい、手術がいかにペットにとって過酷であるか、人間の側の傲慢にすぎないかということを時間をかけて説明するようにしています。それが、獣医師としての社会的な任務であるとも思っています。

残念ながら、日本にもアメリカにも、飼い主からの希望、要望にできるだけ応えるのが〝腕のいい獣医師〟であると思っている人がたくさんいます。手術はすればするほど収入源になるからと、どんな手術も頼まれればするという獣医師もいます。

これから、日本もますます国際化していきます。より多くの外国人が日本に住むようになり、多くの日本人が外国に居住するようになるでしょう。異なる文化的背景を持った人種、国籍の外国人と接触する機会がますます増えていきます。このように価値観が多様化した世界では、医者も、獣医師も、弁護士も、研究者も、いわゆる〝プロ〟に求められるのは、〝技術〟と同時に〝モラル〟であるはずです。何が正しくて、何が間違っているかを判断する。その道のプロとしてふさわしいことだけを選ぶことができる。そういうことを冷静に考え、実行できる人が本当のプロであると私は思います。

アメリカ獣医師会では、一九六九年に「獣医師の誓い」という文章を正式に会の公認の誓文として受理しました。以降、アメリカの獣医大学で教育を受ける人は、皆この誓いの文章に触れ、獣医師としての社会的な在り方、任務、モラル、利害関係を超えた道徳を考えながら卒業していきます。現在の日本の獣医大学では、このようなモラル教育がどれだけ重要視されているでしょうか。少なくとも、私の時はありませんでした。日本にも〝考えて判断できる獣医師〟が増えてくれることを切に願っています。

あなたにできること

① 耳切りや尾切り、声帯除去手術、つめとり手術をしているブリーダーから動物を購入しない。
② それらの整形手術をする獣医師のところに行かない。
③ 整形手術をしようとする飼い主がいたら、手術の詳細、不必要性を説明してやめさせせよ

う。耳切り手術などは、あくまでもオプションであることを強調する。純血種だからといって、手術する必要性は一切ないことを主張する。それらの手術がいかに時代遅れの概念であるか、欧米では受け入れられていないということを知らせよう。

④ジャパンケンネルクラブに手紙や電話で、整形手術に対して「反対」の意思を伝えよう。

ジャパンケンネルクラブ（JKC）
本部　〒一〇一—八五五二　東京都千代田区神田須田町一—五
電話　（〇三）三二五一—一六五一

⑤日本獣医師会に、手紙や電話で「整形手術は獣医師の仕事ではない」という意見を伝えよう。

日本獣医師会
〒一〇七—〇〇六二　東京都港区南青山一—一—一　新青山ビル西館23階
電話　（〇三）三四七五—一六〇一

⑥ペット雑誌、犬種図鑑などで、耳切りや尾の短い純血種の写真が出ていたら、「それらを切っていない犬も純血種である」「切っていない犬の写真も載せるべき」、と抗議の手紙を書こう。

⑦〝吠えないようにする首輪〟などを購入しない。

⑧近所に吠えてうるさい犬がいる場合、犬のトレーニング学校やしつけ教室を教えてあげよう。

⑨自分の猫のつめを切ることができるように練習する。

⑩手を使って猫とじゃれている人がいたら、注意しよう。

⑪インターネットを利用して、動物の整形手術の不必要性を訴えよう。

第六章

あなたがペットの安楽死を決断するとき

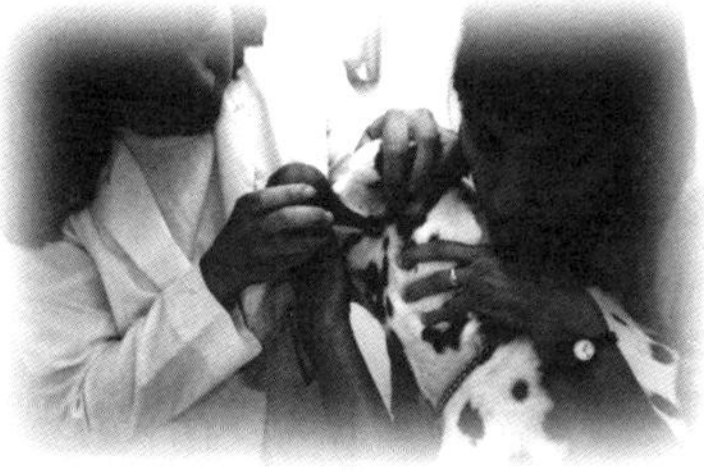

この章では、動物の安楽死に対する正しい知識について理解を深めてもらい、またそれに伴うエシックス（倫理）を一緒に考えていきたいと思います。

獣医師としてペットの安楽死を経験することが多々ありますが、日本でもアメリカでも、安楽死をどの時点で選択するかというラインは、個人によって非常に差があります。獣医師の中でも、比較的初期に安楽死を勧める人もいれば、最後まで躊躇する人もいます。同様にペットの飼い主の中にも、引っ越しをするから、人間の赤ちゃんが生まれたからという理由で、健康なペットを安楽死させる人もいれば、末期症状で苦しむ動物でも、最期まで安楽死させたくないという人もいます。

また、安楽死という言葉が使われていても、実際は安楽ではない死に方の場合もありますので、具体的な方法をご紹介します。

ここで明確にしておきたいことは、これは動物の安楽死について書いたもので、人間の安楽死、あるいは尊厳死と呼ばれているものとは全く別のものであるということを強調しておきたいと思います。人間の安楽死については、過去数十年にわたり、その賛否、倫理が取り上げられていますが、人間と違って〝意思を言葉で伝えることができない〟動物については、全く別問題として取り扱うべきであると思っています。

逆に言えば、ペットの最期を苦痛なく安静に看取るという仕事は、何万年も前に動物を〝ペット化〟した人間の重大な責任であると、私個人は考えています。全ての動物――ペットも、ノラも、家畜も、研究室の実験動物も全て――が幸せな一生を送り、苦痛のない最期をまっとうできる日まで、私たちは正しい動物の飼い方、そして正しい動物の〝死なせ方〟を直視しなくてはなりません。

安楽死とは？

ベイリアー（Bailliere）の獣医学大辞典によると、安楽死とは以下のように説明されています。（西山ゆう子訳）

① 苦痛なく安らかに死ぬこと。

② 治る見込みのない病気に苦しんでいる動物の命を、人為的に終結させること。慈悲死とも呼ばれている。

何も動物を人為的に殺さなくても、自然に死が迎えに来るのを待つのが一番ではないか、と思う人もいるかもしれません。長年家族として一緒に生活し、天寿をまっとうしたペットの場合は、確かに安楽死する必要がない場合もあります。

しかし、多くのペットは晩年、さまざまな病に侵され、長い時間をかけて痛みや苦痛と闘いながら死んでいきます。痛みはある程度は薬で抑えることができますが、病気との闘いが長期戦になると、動物も人間も、肉体的、精神的な苦痛を強いられるため、多くの人が安楽死させるのを決意します。

また、アニマルシェルターや保健所は、健康な犬や猫で溢れていますが、「もらってくれる人がいない」という理由で、毎年何十万、何百万匹という健康な動物が殺されています。このペットの人口過剰問題を解決するために、多くの人が不妊去勢手術を普及させたり、里親探しに東奔西走していますが、多数の健康なペットを殺さなくてはならないのが現状です。この時、死にゆく動物の苦痛についてどれだけの配慮がなされているでしょうか。〝安楽に死んで〟いるでしょうか。

また、子どもに噛みついたから、一日中吠えるからという理由で、飼い主自ら「私のペットを殺して下さい」と保健所を訪れます。私たちの人間社会の裏側では、天寿をまっとうしないで、病気でも何でもない動物が毎日何万匹も殺されているのが現状なのです。

この悲劇をなくすため、私たち人間はあらゆる方法で問題解決しなくてはなりません。現状では、今殺されている動物たちを少しでも安楽に死なせることが大切なのではと思います。

そのためには、私たちが動物を殺すという行為から目をそらさず、しっかりと見張って、法律やモラルの充実を計り、社会を改善する必要があるのです。

安楽死を選択する理由

ペットの安楽死を決定する理由は、飼い主によって非常に差があります。ここではその主な理由を並記しました。あなたがこの立場だったら、安楽死をさせますか？

〈病気などが理由のケース〉

① 動物が不治の病にかかって、もう治る見込みがなく、悪化して死に至るのが確実であるケース

それらの場合、動物は通常消耗し、体力が落ちて、二次的に感染症（肺炎など）を併発しやすくなる。また、高度の苦痛を伴うことが多い。

（例）悪性腫瘍、腎臓病の末期、心臓病の末期、感染症の末期、ある種の脳疾患など。

② 動物が非常に苦痛を伴う疾患を患っており、薬物等でコントロールすることが難しい

ケース

この場合、手術や治療で治すことができるが、それまでに相当の苦痛を経験しなくてはならないことが多い。また、痛みがあまりにもひどいため、鎮痛薬といった薬物もあまり利かない場合もある。

（例）複雑骨折、重度の火傷、重度の口内炎、目の外傷、尿道結石など。

③　障害をもって生まれてきた動物のケース

多くの場合は、生後間もなく死亡する。人間が世話をすることによって寿命を延ばすこともできる。

（例）脳に異常がある異常児、体の機能に欠陥がある場合など。

〈病気と人間側の理由が混在しているケース〉

①　動物が慢性病を患っているケース

獣医師の指示通りに通院や投薬を続ける限り、平穏で安定した生活を送ることができるが、頻繁に獣医師にかからなければならないので、長期的には高額な出費になる。また、経済面だけではなく、一日四回の投薬など、仕事をしている人などには、実際には世話ができない場合が出てくる。

(例) 長期にわたり入院や通院、投薬が必要な病気。慢性の肝臓病、慢性腎臓病、心臓病、ホルモン異常、糖尿病など多数。

② 動物が重傷の状態で、手術や集中治療をすると治るが、高額な医療費がかかるケース

一度や二度の通院では治らないような病気の場合で、手術や治療にかかる費用を支払うことができないために、安楽死を選択することがある。

(例) 骨折疾患、重度の外傷、パルボ性腸炎のような感染症、手術を要する目の疾患、フィラリア症、難産、急性の内臓疾患、膀胱や尿道の結石症など多数。

③ 飼い主が投薬できないケース

例えば、チーズのようなものに包んで薬を与えることしかできない場合、食欲のない動物には薬は与えられないことになる。普段のしつけが悪いと、耳に点耳薬を入れる、目薬を差すという簡単なこともできない場合がある。

（例）長期にわたり、自宅で薬を飲ませることが必要な場合の感染症、各種のアレルギー、甲状腺機能低下症、自己免疫病、心臓疾患、他多数。

④　動物の社会任務に影響する疾患を患っているケース

盲導犬のような社会的な任務を担っている動物（使役犬）が、その任務に支障をきたすような目の病気になったとき、安楽死となる場合がある（退職して新しい人にペットとして飼われることもある）。また、同様に、ショーのために飼われている動物が、慢性の皮膚病を患った場合や、繁殖のために飼われている動物の生殖器に病気が発生した場合なども、安楽死させることがある。

⑤　動物が同じ病気を何度も再発するケース

いわゆる〝体質〟が関係している病気で、治療によって一時的に治っても、また再発を繰り返す。飼い主は通常、経済的な負担と同時に、〝繰り返して起こる病気〟のための精神的な負担や苦痛を訴える。

（例）猫の上部気道感染症、猫の泌尿器症候群、アレルギー性皮膚疾患、外耳炎など。

⑥　猫のウイルス病検査が陽性のケース

現在は全く健康そのものでも、ウイルス抗体のテストをして、結果が陽性と出た場合。それは、将来（例）のようなウイルスに関係する病気が発生するかもしれないということである。これらのウイルスの陽性結果と発病関係については、毎年見解が変わってきているので、獣医師はしっかり勉強して、飼い主に指導する義務がある。

（例）猫白血病ウイルス感染症、猫免疫不全ウイルス感染症、猫伝染性腹膜炎（FIP）など。

⑦　特殊なケアのいる病気のケース

食餌療法やフィジカルセラピーなどのケアを要する病気。毎日特殊な処方食を与えなくてはならない場合、飼い主が料理をすることができないことがある。また、処方食を食べないという動物もいる。後ろ足の麻痺した動物では、特殊な運動をしなくてはならず、また排便や排尿のコントロールができない動物の場合、飼い主はそれらの世話をしなくてはならなくなる。

（例）食物アレルギー、猫泌尿器症候群、慢性腎臓疾患、脊椎疾患、神経疾患など。

〈人間側の理由のケース〉

① 不本意に子犬子猫が生まれてしまい、もらい手が見つからないケース

海や川に流したり、どこかに置き去りにする、あるいは保健所に引き取ってもらう。それが安楽死かどうかは別として、無責任な飼い主が作り出す命が毎年何百万匹も殺されている。同様に、ペットショップで売れなかった動物も安楽死となる場合がある。

② 飼い主の生活に変化が起こったケース

引っ越しをするが、新居では動物を飼うことが禁止されているから、家を新築するが、新しい家を汚されては困るからなど。また、人間の赤ちゃんが生まれるから、今まで世話をしていた人が死んだから、飼い主が長期入院することになったなど、人間の側の都合による場合。

③ 動物の行動が原因のケース

犬が子どもに噛みついたり、犬が吠えて近所から苦情が出たり、犬が家中の家具を噛みちぎってしまったなど、手に負えない行動に起因する場合。また猫では、家具でつめ研ぎをする、猫のトイレ以外の場所で排便、排尿をする、夜行性で一晩中走り回るなど。

④ 迷子の動物のケース

日本の保健所では、路頭に迷っている犬や猫を保護した場合、決められた一定期間（通常五日前後）を過ぎても飼い主が名のりでないと、新しい飼い主のところに里子に出されるか、あるいは安楽死させられることになる。しかし、脱走した犬の場合、特に不妊去勢手術をしていない場合は広範囲に行動するので、遠くの町で保護され、飼い主と再会できないこともある。

アメリカでは、公立のシェルター間で密なネットワークが発達している。迷い動物の保護から、緊急手当、飼い主探しという一連の手続きと同時に、施設間のネットワーク、公示作業を徹底することで、迷子の安楽死の数を減らす努力をしている。

安楽死の方法

動物を〝死なせる〟ために用いられている方法をご紹介します。安楽死とは言っても、実際には安楽とは言えない方法もあります。安楽死の大原則は、〝死ぬ前に眠ること〟です。脳は私たちの体をコントロールしている指令室です。大脳は考える、覚えるという高度な行動に関与しており、つらい、怖い、悲しいといった感情とも深く関連しています。また、小脳や間脳といった他の部分では、呼吸や心臓の鼓動といった生きるのに必要な機能をコントロールしています。

安楽死を考える時、呼吸や心臓が止まる前に、苦しみを感じる部分である大脳を抑制しなくてはなりません。すなわち、まず初めに意識が消えて何が起こっているのか全く感じることができない状態になり、その後に体の機能（呼吸や心臓）が停止するべきなのです。そして、そのような状態を作り出すもの、それが麻酔薬なのです。

麻酔薬は、その種類と投与方法により細かい部分が異なりますが、基本的には、まず大脳に作用して、意識、痛覚を取り除きます。通常の手術は、意識がなくなったこの状態で行われます。そしてさらに麻酔薬を投与し続けると、呼吸や心臓の機能を停止させます。ですから手術の麻酔薬は、動物の意識がなくなりながら、呼吸や心臓が正常に機能するくらいの深さに維持しなくてはなりません。麻酔が浅くなると動物が痛みを感じ始めますし、麻酔が深くなり過ぎると、呼吸や心臓が止まってしまうわけです。しかし、筋弛緩薬やストリキニーネなど（後述）では、この順番に働きません。

考えてもみて下さい。苦しくても呼吸ができないという窒息状態を経験するとき、はっきりとそれを意識し、痛み、苦しみを感じているとすれば、それは安楽死ではなくて拷問になります。

安楽死を安楽に実行するためには、正しい麻酔薬を、正しい注射方法（血管内注射）で行わなくてはなりません。これは絶対条件です。首のところに注射をする場合は、麻酔薬ではなく、筋弛緩薬を使用している可能性があります。安楽死を実行する前に、薬の種類と投与方法を獣医師によく確認することが重要です。

薬物による場合

〈ペントバルビタール系安楽死注射液〉

非常に高濃度に濃縮された麻酔の一種で、血管内に注射をすると、数秒で意識が消え、次いで脳の機能が抑制され、わずか一〇数秒で死に至る。万が一、注射液が血管外に漏れても痛くないように、組織刺激性がたいへん低く作られている。安楽死専用の注射液で、アメリカでは免許を持った獣医師に対して市販されており、最も一般的な安楽死方法。特殊なピンク色に着色されており、他の注射液と識別することができる。

(例) 体重一〇kgの犬で一cc、猫で〇・五ccを静脈注射する。

〈バルビタール系注射液〉

麻酔用注射液。手術用の麻酔薬であるが、これを多量に静脈内注射すると、死に至る。麻酔薬であるから、初めに意識が消え、次いで脳と全身の機能が抑制されるが、安楽死用の注射液と違って濃縮されていないため、多量に注射しなくてはならず、死ぬまでに時間がかかる。また、血管外に液が漏れると、非常に強い痛みを生じる。日本の動物病院で一般的。

(例) 五%の注射液を用いる場合、体重一〇kgの犬で二〇cc、猫で一〇cc静脈注射する。

〈筋弛緩薬〉

筋弛緩薬自身には、麻酔の作用もなければ、脳に働きかけて意識を抑制することもない。筋肉をリラックスさせる作用があるのみである。筋弛緩薬はその種類と用法により、注射薬と飲み薬がある。

この筋弛緩薬を多量に動物に注射すると、呼吸したくても呼吸できないという状態を経験しながら窒息状態になって死ぬわけである。呼吸困難から脳の酸欠状態を招き、死に至るまではたっぷり五分間はかかる。

この注射液は、静脈の他に、筋肉内、あるいは皮下に注射できるので、投与が非常に楽である。また、何も知らない飼い主には、いかにも動物が安らかに眠っていくかのように見える。うめくことも、動くことも、吠えることもできず、目を閉じたまま死ぬからである。そういうことで、日本では未だに使用している獣医師がいるという。最期まで意識が鮮明で、しかも呼吸できなくて苦しみながら死ぬこの方法は、決して安楽とは言えない。


〈ガス麻酔〉

通常の手術に用いるガス麻酔を、多量に動物に吸入させて死に至らす方法。麻酔の一種であるから、まず動物の意識が抑制され、それから全身の機能が停止して死に至る。

ガス麻酔吸入方法は、初めに意識を抑制するので、眠ってから死ぬことになるが、マスクを顔に当てられたり、箱の中に押し込められて、臭いガスを無理やり吸わされる時、動物は恐怖感を味わうに違いない。意識の消失までに時間がかかることを考えると、決して安楽とは言えない。また、これらのガスは、同伴している人間（獣医師や飼い主）が吸引すると、健康に害をもたらすと言われている。公衆衛生の立場からも、ガスマスク、ガス箱の利用は奨励されていない。また、一般に麻酔用ガスは非常に高価でもある。

〈硫酸マグネシウム〉

これは薬物であるが、獣医用の薬品ではない。科学実験を行う研究用の試薬として粉末の状態で発売されている。この試薬を水で溶かして、それを動物に注射すると、神経系の機能が侵されて死に至る。麻酔薬ではないので、動物は意識を持ったまま、目をむき出して痙攣《けいれん》しながら、時間をかけて死んでゆく。

この方法の一番の魅力は、試薬が非常に安価であるということ。腹膜からも吸収されるので、動物の腹部に太い注射針を刺して、直接腹部に注射する場合が多い。これは、静脈注射をするよりもずっと簡単に行うことができるので、便利に思う人が多い。研究室で実験用に用いた猫、犬、ウサギ、モルモット等を殺す時に使用する場合が多い。獣医師がペットの安楽死に使用しているとすれば、非常にモラルの低い人であろう。

〈硝酸ストリキニーネ〉

もともと植物から抽出された薬物で、ごく少量では、強心薬、興奮薬としての効能がある。その昔に治療薬として使用された時代もあったが、現在ではこれを治療の目的で用いることはない。非常に毒性の強いアルカロイド系薬物で、抹消神経に直接作用して動物を死に至らす。

この薬物の特徴的なことは、動物が口から摂取（経口投与）しても効果が見られるということである。そのため、歴史的には食べ物の中に混入して罠をしかけるという、外獣の駆除のために用いられてきた。日本でも少し前までは、罠にしかけた毒まんじゅうを誤って食べた飼い犬や飼い猫が、ストリキニーネ中毒になり、動物病院にかつぎ込まれることが頻繁にあった。全身の神経が異常に興奮するため、動物は目をむき出し、全身を硬直させて背中を弓のように湾曲させ、口から泡を吹き、大声で鳴き叫びながら、時間をかけて死んでいくのが一般的。最後まで意識があるので、決して安楽とは言えない死に方である。

発展途上国では、現在でも頻繁に用いると言われている。注射をしなくても済むので、動物に触らなくてよい。現在でも、野性動物や人に慣れていないノラ犬、ノラ猫などを殺す時に用いる人がいるという。

専用施設を用いる場合

〈二酸化炭素ガス室〉

複数の動物を一度に殺す場合に用いられる。動物を密閉した部屋（チャンバー）に入れ、そこの空気を抜き取りながら二酸化炭素を充満させ、動物は二酸化炭素中毒で死亡する。意識を失ってから脳が機能を停止するまでかなりの量の二酸化炭素を吸わなくてはならず、動物は時に、吐き気、もがき、混乱状態を経験しながら、一〇分以上かけて死んでゆく。大便、小便を排泄しながら死ぬこともある。もちろん、他の動物たちが鳴き叫ぶ中、一緒に狭いチャンバーに押し込められるという精神的な恐怖を初めに味わわなくてはならない。

この方法の利点は、動物に直接触らなくてもよいこと、一度に多数の動物を殺せること。一度施設を作ってしまうと、比較的安く維持できるということ。欠点としては、ドライアイスを使用する場合、動物が接触して凍傷の痛みを経験する危険性があること。従業員に、絶えずガス漏れ事故の危険性が付きまとうこと。

前時代的と言われており、先進諸国ではほとんど用いられていないが、日本は唯一例外的な先進国で、全国各地で最も一般的な方法である。二酸化炭素と同時に一酸化炭素を混合する方法もあるが、人間にとって有害なため、従業員の安全性に疑問が残る。

〈真空部屋（減空部屋）〉

これも複数の動物を一度に殺す場合の方法。動物を密閉した部屋（チャンバー）に入れ、そこの空気を抜き取り、動物を酸欠状態にして死亡させる方法。初めに呼吸が苦しくなり、酸素不足にあえぎながら、一〇分以上時間をかけて死んでゆく。呼吸困難で苦しむ間、動物には意識があり、動物は恐怖と呼吸困難で混乱し、大便小便を排泄しながらのたうち回る。決して安楽とは言えない死に方である。

二酸化炭素ガス室と同様、この方法では動物に直接触る必要がないうえ、維持費も安く済む。が、動物は安楽に死んでいない。特に子犬や子猫は酸欠に対して抵抗力があるので、完全に死ぬまで三〇分以上かかる場合もあるという。また、この真空部屋は危険と隣り合わせであり、操作を誤ると人体事故や爆発事故につながる危険性がある。

〈餓死、凍結死、轢死、溺死〉

もちろん、これらは安楽死ではない。あえてここに取り上げたのは、多くの人間が動物をこのような方法で殺しているからである。

不本意に生まれてしまった子犬や子猫。「かわいそうだけど短時間で死ぬでしょう」と思って段ボール箱に入れて捨てる人。「ここに捨てれば誰かが拾ってくれるでしょう」「誰にでもなつく犬だから誰かが育ててくれるでしょう」と言って、動物を置き去りにする人。皆自分に都合のよい言い訳を考えて自分を安心させても、多くの動物は無残な最期を迎える。

安楽死を予防するため、あなたにできること

ペットの安楽死の数を減らすために、飼い主がすべき一二のポイントを挙げて説明します。

①　不妊去勢手術をする

オスもメスも、不妊去勢手術を受けることで、多くの病気が予防できます。また医学的なメリットだけではなく、性格も穏やかにする作用があります。

オス犬の場合は、夜の遠吠えを圧倒的な確率で予防することができます。オス猫は体臭が減り、尿の臭いも和らぎます。メス犬は発情期がなくなるため、穏やかで安定した性格を保

つことになります。またメス猫の場合は、発情に伴う独特の声を予防することができます。そして、不妊去勢手術をすると、交通事故に遭う確率がずっと減ります。発情期には、動物は我を忘れて異性を追いかけるので、それに伴う交通事故が劇的に増えるという統計が出ています。

毎年何十万匹、何百万匹という健康な子犬子猫が、「もらってくれる人がいない」という理由で安楽死させられています。これ以上不幸な動物を増やさないためにも、不妊去勢手術はたいへん重要な社会的な任務と言えます。

② ワクチンを打つ

ワクチンは高いし、一〇〇%確実に予防できるものではありません。しかし、ワクチンを定期的に打つことで、病気になる確率がグンと減り、またその病気になっても症状が軽くて済みます。

③ 定期的に獣医師に健康診断してもらう

六歳以下で健康そのものの犬猫の場合は、年に一回、獣医師に全身の身体検査をしてもらいます。それだけでも、内臓の異常を早期に発見することができます。七歳以上の場合は、それに血液検査や、場合によっては、超音波検査、レントゲン検査、尿検査などのラボ検査をしてもらいます。どの程度の間隔で検査をするかは、犬種や猫種、あるいは飼育環境によってさまざまです。問題がない限り、年に一回でよいでしょう。病気は、とにかく早期発見につきます。病気が進行してしまうと、治療にそれだけお金と時間がかかりますし、動物の苦しみも増大します。

④　こまめに歯の手入れをする

歯石をそのままにしておくと、心臓病を初めとする各種の内臓疾患に発展します。自宅で犬や猫の歯を磨く訓練をするか、動物病院で定期的に歯石取りをしてもらいましょう。

⑤　食生活を改善する

食餌のアンバランスは、多くの病気を招きます。

⑥　運動をさせる

犬の場合は、定期的に散歩させるのを習慣づけましょう。猫の場合は、複数で飼育するか、猫じゃらしなどで遊んで運動させて下さい。

⑦　被毛を清潔にし、きれいな環境を心がける

定期的にシャンプーをしてあげましょう。長毛の動物は、頻繁にブラッシングして、被毛の手入れをします。ノミがいる場合は、駆除します。外で飼う場合も、清潔な環境を心がけましょう。

⑧　動物と会話をする

毎日食餌を与えるだけでは、飼っているとは言えません。どんなに忙しくても、毎日必ず動物と過ごす時間を作り、話しかけたり、遊んだりして交友を持ちましょう。

⑨　しつける

日本でもアメリカでも、行政に持ち込まれる成犬のほとんどは、〝好ましくない行動〟のためです。すなわち、吠えて近所に迷惑をかける、誰かに噛みついた、というような理由で

す。これは、非常に攻撃的な特殊な犬種ばかりではありません。一般にとても飼いやすいとされている犬種、雑種、全ての犬に起こっています。

現在のように多くの人間が狭い地域に密集して住んでいる住宅街では、犬を飼う時は、他人に迷惑がかからないように犬をしつけなくてはなりません。吠えない、攻撃しないことと同時に、飼い主の言うことを聞くことができなくてはなりません。例えば、くさりをつけて犬を散歩させるとします。そしてあるとき、道で他の犬とすれちがう時、急に飛び出してその勢いで首輪が切れたとします。その時、あなたは「止まれ！」と犬に命令します。くさりが外れたあなたの犬は、言うことを聞いて直ちに止まることができますか。この時、あなたの命令を聞くということをしつけられていない犬は、他人や他人の犬に噛みついたりして、結局保健所へ持ち込まなくてはならなくなるかもしれません。正しくしつけることで、このようなトラブルを最小限に防ぐことができます。

また、命令に素直に従う犬は、さまざまな利点があります。例えば犬が慢性の耳の病気を繰り返すとします。動物病院へ連れていくと、獣医師は耳鏡で耳の中を診察しなくてはなりませんが、しつけのできていない犬は必死に抵抗します。こうした犬は結局、診察のたびに麻酔を使わなくてはならず、犬の体に対する負担も、飼い主の経済的な負担も増えることになります。またこのような犬は、飼い主が耳の薬をつけようとしても、やはりじっとおとなしくすることができません。したがってもっと頻繁に獣医師の治療が必要になり、とても手に負えないと、安楽死を決意するケースにつながります。

⑩ 室内で飼う

猫の場合、一匹で屋外に出さないことを勧めます。交通事故に遭う確率が高くなり、また研究目的で、猫を捕獲、販売している業者に捕まったり、誰かがまいた毒を誤食する可能性もあります。特に民家が密集している住宅街では、猫嫌いな人もたくさんいますし、自分の庭に大便や小便をされると、誰でもいい気持ちはしません。

交通事故イコール即死と思っている人が多いのですが、交通事故に遭ってそのまま即死できるのは、ごく一握りに過ぎません。大抵の場合は苦しみながら時間をかけて死ぬか、あるいは何が起こったのか理解できずに、どこかの隅に隠れて、そのまま弱って餓死することもあります。また猫が車に跳ねられた場合、骨盤を骨折することが多く、これは手術をすると非常に高額な料金を請求されます。また、運良く骨折が治っても、いわゆる後遺症として神経障害が発生し、排尿困難、排便困難になる場合が非常に多くあります。交通事故直後に安楽死を実行する人は少ないのですが、慢性の後遺症で獣医師通いが難しくなり、後に安楽死を選択する場合が多々あります。

⑪　自分の経済力と立場を考える

責任をもって動物を飼うということは、食餌を与える以外に、定期的に獣医師の診察を受け、ワクチンを打ち、不妊去勢手術をし、正しいしつけを施し、快適な生活空間を提供することです。これには、時間もお金もかかります。自分の経済力を改めて見直し、自分がきちんと世話ができる範囲で動物を飼うべきです。

飼育する動物の数も、よく考えるべきでしょう。同様に、家族の中に動物を飼うのが嫌いな人がいる場合、むこう一〇年の間に結婚したり子どもを生んだりする予定のある人、転勤が多い人、あるいは自分が病気を患っている場合など、先のことをよく考えてから動物を飼うべきです。また逆に、自分の子どもが家を離れてしまって、自分は定年退職し、経済的にゆとりのある人なら、時間もたっぷりあるので、多くの動物の世話が可能になってきます。

⑫　自分の健康状態に気を配る

いくら動物の健康が優れていても、飼い主である自分が病気になり、死んでしまっては困ります。また、ある日、事故に遭って身体障害者になり、ペットの世話ができなくなることもあります。これは高齢の方ばかりではなく、働き盛りの人、若い世代の人にも言えることです。

子犬や子猫でさえ新しい飼い主が見つからずに、毎年何十万、何百万匹が安楽死させられているのです。あなたがかわいがり、愛している犬や猫はもう成長して大人であり、食べ物の好みや生活パターンが決まっています。あなたが死んだ後、あなたの犬や猫を喜んで引き取って育ててくれるという人は簡単には見つかりません。結局、泣く泣く安楽死を選択する場合がほとんどです。

死ぬのなんてまだ先、と考えないで、自分に万が一のことが起こった時に、残された動物の世話をしてくれる人を考えておきましょう。きちんとした遺言を書いて、動物の行き先を明確にしておくことが奨励されます。できれば、自分のペットのために、少しまとまったお金を用意しておくのが理想といえます。

また、普段から犬や猫を甘やかさないこともとても重要です。自分の家族の人間にしかなついていない動物、特殊なブランドの決まった味のペットフードしか食べない動物、何でもかじったり壊したりするくせのある犬など、喜んで引き取ってもらえるわけがありません。このように甘やかされて育ち、しつけられていない犬猫は、何かの事情で新しい飼い主が必要になると、例外なく、安楽死させられる運命になっています。

獣医師に安楽死を勧められたら

現在、安楽死を決定する基準というものがありません。ですから、安楽死をどの時点で行うかというポイントは、正直言って獣医師によってかなりの差があります。私は獣医師になってから十数年間、さまざまなペットと出会い、さまざまな飼い主と話をし、さまざまな獣医師と一緒に仕事をしてきました。そんな中で痛切に思うのは、私はどちらかというと安楽死を否定する立場を取り、最後の最後まで安楽死を決行したがらない方だということです。これは、何も苦しみに喘ぐ動物の死期を意味もなく延ばすということではありません。動物が苦痛を感じ、もう治る見込みがない場合には、安楽死はモラル的にも受け入れられるものと信じています。しかし、世の中には、比較的初期の段階で、簡単に安楽死を勧める獣医師もたくさんいるということを認識してほしいと思います。

獣医師が安楽死を勧める時に、動物の苦痛より、飼い主の都合や飼い主の感情、あるいは飼い主の経済的負担を考えている場合が多々あります。また、時には動物がどうして具合が悪いのかわからない場合があります。血液検査、レントゲン検査など、各種の検査をしてもはっきりとした答えが出ず、試しにいろんな薬を飲ませてみても、さっぱりよくならないという場合があります。アメリカでは、スペシャリストを紹介して専門の治療を受けるように勧めたり、大学病院を紹介して、〝自分の能力の範囲を超えた特殊なケース〟として他の誰かにその治療を委ねることになります。しかし、スペシャリストもなければ獣医師間の横のつながりがあまりない日本では、〝不治の病〟ということにして、安楽死を勧める場合があります。

獣医師に安楽死を勧められたら、とにかく動揺せず、その場で自分ひとりで決断することは避けてください。とことん、納得のいくまで獣医師と話すことが大切です。感情的な表現（「苦しんでますよ」など）で安楽死を勧める獣医死に対して、あくまでも冷静に、〝科学的〟な質問をしていく必要があります。

〈安楽死を勧める獣医死に対してする質問〉

①　死ぬ確率と生きる確率は、どのくらいですか。

② このままの状態で、あとどのくらい長く生きられますか。
③ 苦しんでいるとすれば、それを和らげるための鎮痛薬がありますか。
④ 今までに、これと同じような病状の動物をどのくらい看てきましたか。
⑤ 安楽死を実行する時に用いる薬と方法を説明して下さい。

セカンド・オピニオンを聞こう

動物が、すでに脳死状態で一刻も早く安楽死を決断をしなくてはならない、というような状況は別として、時間的にゆとりがあるのなら、他の獣医師を訪ねて〝セカンド・オピニオン〟を聞くことを絶対的にお勧めします。

セカンド・オピニオンとは、一人の獣医師の意見に頼るのは危険であるということで、他の獣医師の意見を聞き、最終的に自分で判断するというものです。アメリカでは例えば、動物の安楽死を勧められた場合、薬ではなく手術による治療を勧められた場合、長く治療に通っているのにさっぱり具合がよくならない場合など、大きな決断をする時はもちろん、日常の診察でも頻繁に行われています。

セカンド・オピニオンを聞くことは、今まで世話をしてくれた獣医師を裏切ることでも、失礼にあたることでもなく、医療サービスを受ける患者の〝当然の権利〟なのです。ですから、かくれて見つからないように他の獣医師に会う必要もありません。実際アメリカでは、患者は「セカンド・オピニオンを聞きに行くので、今までのカルテと検査結果のコピーをいただけませんか」と言い、獣医師も秘密にするものは何もないので、素直にコピーを渡します。元の獣医師は、患者がセカンド・オピニオンを聞きに隣の病院へ行ったとしても、自分の診断と治療に自信を持っていれば、何も怖がったり恥ずかしがったりする必要はないのです。獣医師というプロとして、動物のためにできる最善のことを尽くしてきたのであれば、問題はありません。

日本の場合、医療は秘密主義が中心でしたから、セカンド・オピニオンはなかなか実行しづらいかもしれません。しかし、私はあえて日本にもセカンド・オピニオンの習慣を確立させてほしいと切に願っています。正々堂々と、自分の当然の権利として「セカンド・オピニオンを聞きに行こうと思っているのですが」と伝えましょう。自分のやっている診療に自信があり、良心的な人であれば、決して否定はしないはずです。

新しい動物病院では、「○○病院でずっと治療をしていました。これが血液検査です。これがカルテのコピーです。今回安楽死を勧められたので、セカンド・オピニオンを伺いたい」

とはっきり言います。状況が許す限り、病気の動物も連れて行って診察してもらいます。あくまでも〝意見〟を聞くわけですから、「私も彼の意見に賛成です」とか、「私ならもう少しこの薬を試してみますね」「〇〇大学の診療所なら特殊なセラピーができるから、そこなら治せるかもしれませんね」というような答えになります。

この時、「うちに入院してもう一度検査をやり直しましょう」とか、「私なら治せます。すぐに入院して下さい」というような言い方をする人は、あまり信用しない方がいいでしょう。元の獣医師に対して何の敬意もないモラルの低い獣医師であると判断できます。同様に元の獣医師の悪口を平気で言う人、その先生が治せなかったのに私が治したケースがあるというような自慢話をする人は、避けたほうがいいでしょう。セカンド・オピニオンの獣医師は、評判がいい経験のある先生を選びましょう。セカンド・オピニオンを聞きに行った後は、その結果を元の獣医師に伝えるのが礼儀だと思います。「△△先生も基本的に同じ意見でした」「□□病院ではホルモン療法があると言われましたが、私は先生の意見に従いたいです」というふうに、はっきりと言うとよいでしょう。

日本も国際化の時代です。お医者様が偉くて患者は頭を下げていればよい、という時代は終わりました。セカンド・オピニオンを聞きに行くことで、今までの獣医師との関係がまずくなるとすれば、その獣医師は時代遅れの感情的な人ですので、診療も時代遅れであるかもしれません。勇気を出して、セカンド・オピニオンを実行して下さい。一人でも多くの人が実行すると、それが日本でも習慣化し、結局、不勉強な人、時代遅れの人、自分だけで何でも治そうとする身勝手な獣医師を減らすことでしょう。それは、ものが言えない動物の幸福にもつながります。

セカンド・オピニオンの先生に別の意見を言われ、どちらも納得できるもので迷うということもあるかもしれません。アメリカではそのような時は、第三あるいは第四の意見を聞きに、さらに違う獣医師と面会します。動物を安楽死することは簡単にできます。しかし、一度死んでしまったら、どんなに最新の医療技術を使ってもその命を元に戻すことはできません。だからこそ、一人の獣医師の技術レベル、モラル、意見、そういったものに動物の命を委ねるのは危険すぎます。

ペットロスの精神的サポート――ひとりで悲しまないで

愛する動物を失った悲しみは、おそらく動物を愛したことのある人にしかわからないものだと思います。私は過去、多くの飼い主の〝別れの現場〟に立ち合ってきました。安楽死にしろ、病死にしろ、事故死にしろ、最愛のペットを失う悲しみは、わが子を失うのと同じ気持ちです。実際、「私は父が他界した時は涙も流さなかったけれど、自分の犬が死んだ時は、二週間何も食べずに泣き続けた」と言った人がいました。これと同様な話は非常にたくさんあります。

ペットとして一緒に暮らしている動物は、あなたにとって父でも母でもなく、あなたの子どもなのです。毎日世話をし、食餌を与え、トイレをあてがったり散歩に連れて行った生活は、自分の子どもの世話をしたのと同じです。動物があまり好きではない人たちは、「たかが犬一匹死んだくらいで、ばかみたい」とあざ笑います。そして、動物を失って悲しみに明け暮れるあなたは、そういう人たちの陰の嘲笑を聞き、よけいに傷つくことになります。なかなか立ち直れない自分を責める人もいますが、今までわが子のように世話をし、一緒に遊び、笑い、生活を共にしてきた動物の存在がいかに大きかったか、動物がどれほど自分の心の支えになっていたかと思うと、そう簡単に立ち直れないのも理解できます。また、安楽死の決心ができなくて動物が苦しみながら死んでいった時は、安楽死させるべきだったという後悔で苦しむ人が意外に多いのも事実です。

アメリカでは、このような状況で精神的に打ちのめされている人は、積極的にカウンセラーや精神科医の助けを求めます。ある一定期間、カウンセラーと話し合ったり、精神安定剤を医師の管理のもとで服用したりして、悲しみから早く立ち上がり、もとの日常生活に戻れるように努力します。このような精神医学のサポートを受けることは、何も恥ずかしいことではありません。日本でも、心の医療が最近急速に発達していますので、このような機関に助けを求めるのは非常によいことだと思います。

また、アメリカの多くの地方獣医師会や慈善団体では、ペットロス・プログラムを設けています。これは、ペットを失って悲しみから立ち上がれないでいる人たちに、精神的なサポートをするのが目的のボランティア活動で、多くは電話によるカウンセリングや、定期的な会合を設けています。獣医師免許とカウンセラーの免許の両方を取得している人などがスピーカーとして参加し、早く悲しみから立ち直れるよう、専門的なアドバイスをしています。

あとがき

――不幸な命がゼロになる日まで

現在、ペットと人間は助け合って生きている。ある犬は主人の目となり誘導し、主人の耳となって生活を助ける。冬山に遭難した凍死寸前の人を救い、災害現場では生き埋めになった生存者の存在を知らせる犬がいる。孤独な人、心の病気を患う人を精神的にサポートする犬や猫がいる。

そして、現代社会に生きる世界中の何百万、何千万という人が、ペットと心を通わせて生活している。疲れて家に戻った時、「おかえり」と言ってちぎれんばかりに尾を振る犬。気分的に落ち込んだ時にも、「遊ぼうよ」と誘ってくれる犬。悲しくて泣いている時に近寄ってきて、「どうしたの?」とごろごろ擦りよってくる猫。胸に乗ってもみもみとマッサージしながら、ピリピリしている神経を和らげてくれる猫。私たち人間とペットは、お互いに助け合い、精神的に寄り添いながら生きている。

そして彼らの命は尊く美しい。この世に一匹たりとも無駄な命などない。なのに、保健所では毎年おびただしい数の命が、何の罪もない健康な命が殺されている。飼ってくれる人がいないという理由で。誰かに噛みついたから、吠えるからという理由で。家具をひっかくからという理由で。

毎年おびただしい数の犬や猫が遺伝病にかかっている。ある動物はそのために死に、またあるものは不自由な生活を強いられる。そしておびただしい数の動物が、予防できた病気で命を落としている。子宮蓄膿症、乳癌、前立腺肥大、あるいは発情期の交通事故……。どれも不妊去勢手術ひとつで予防できたものばかり。

私は、声を大きくして言いたい。私たちは、ペットの健康や福祉を守る義務と責任があるということを。数千年前に野性の動物をペット化してしまった以上、ペットの繁殖をコントロールするのは、私たち人間のりっぱな義務である。ペットの人口過剰、問題行動、遺伝病の問題、そして子宮蓄膿症を初めとする多くの病気は、野性動物をペット化したために起こるようになったものばかり。すなわち、全て私たち人間が作り出した罪と言えないだろうか。

いつか将来、安全で非外科的な方法の不妊去勢方法が開発されるかもしれない。その時まで、私たちにできることは唯一つ。不妊去勢手術をしてほしい。犬も猫も、オスもメスも。

それが私たち人間の責任であり、義務であると私は信じている。

そしてそれが、ペットに対する最大の愛だと思う。ペットが私たちにくれる愛情に対する、最大のお礼であり、プレゼントであると思う。私一人ではどうすることもできない。でも、みんなが協力すればきっとできる。

保健所で殺される命がゼロになる日まで……。

西山ゆう子

二〇〇一年四月

てんしっぽ不妊手術基金の紹介

「てんしっぽ不妊手術基金」では、捨てられて殺処分される不幸な犬や猫をなくすことを目的に活動をしています。

その一環として、獣医師・西山ゆう子さんの本書『小さな命を救いたい』を企画・編集しました。本書を、ひとりでも多くの飼い主の方々が読んで下さり、命の大切さを考えるきっかけにしていただければ幸いです。また、動物実験を含めた動物の福祉を考えるために獣医師をめざす若者たちが読んで下さることを願っています。

ご意見などございましたら、下記のアドレスまたはE-mailにお便りをぜひよろしくお願いします。

てんしっぽ不妊手術基金とは

てんしっぽ不妊手術基金の目的は、不幸な犬や猫をなくすため、不妊去勢手術を普及させることです。

こんな活動をしています

1 「てんしっぽ手術助成金」を支給しています。
不妊去勢手術をした飼い主に一定の要件を設け、積み立てた基金から手術費用の一部を支給しています。個人の活動のため助成金額には限りがありますが、ここ２年間で、60匹の犬や猫の飼い主に支給し、手術をしてもらうことができました。

2 不妊去勢手術の普及のための啓発活動をしています。

3 低料金で不妊去勢手術を提供できる「てんしっぽ動物病院」の設立を予定しています。

郵便振替　013007−62681（口座名　てんしっぽ基金）
住　　所　〒721−0973　福山市南蔵王町５−３−12
岩本真利子
Fax 0849−41−2213
E-mail　bikkuri@fkym.enjoy.ne.jp

表紙イラストレーション
葉祥明（ようしょうめい）プロフィール
熊本県に生まれる。1990年、『風とひょう』でボローニャ国際児童図書展グラフィックス賞受賞。96年、「難民を助ける会」の地雷撤去キャンペーンに参加、キャンペーン絵本『サニーのおねがい　地雷ではなく花をください』、翌年『サニーカンボジアへ続・地雷ではなく花をください』を出版。ほかに『あいのほし』『イルカの星』『ひかりの世界』『心に響く声』『静けさの中で　マザーテレサへの手紙』など多数の作品がある。神奈川県北鎌倉の葉祥明美術館にはたくさんのファンが訪れている。
【葉祥明美術館】鎌倉市山ノ内318−4　　TEL 0467−24−4860

本文イラストレーション
埜納タオ（ののうたお）プロフィール
広島県在住。1994年講談社mimi＆kiss新人まんが賞入選。講談社「kissカーニバル」や祥伝社「フィールヤング」増刊号などで読み切り作品発表中。

表紙装幀　　**後藤葉子**（QUESTO）

著者プロフィール

1961年　北海道札幌市生まれ

1984年　北海道大学獣医学部獣医学科卒業。86年同大学獣医学部修士号取得。
東京と北海道の動物病院勤務の後、90年アメリカ、ロサンゼルスに移住。

1991年　動物の会“アルファ”設立。
ペットの人口過剰問題、動物虐待、ノラ猫問題などを中心に、アメリカから専門的な情報を日本へ提供している。また将来獣医師を目指す若者、及びアメリカで動物の勉強をしたいと希望している人に対してもコンサルティングサービスを行っている。不定期に資料集を発行。

1995年　アメリカ合衆国獣医師国家試験合格。
アイオワ州立大学の獣医ティーチングホスピタルで客員獣医師としての勤務を経て、現在ウィルシャー・アニマルホスピタル（サンタモニカ市）に勤務。
現在の同居人は、犬のスポット、猫のグレイ、ミトンズ。夫と息子一人。

＊本書の登場人物やペット名は、事情により一部仮名にしています。
また、本書の文は一部、過去に著者自身が執筆したものを再編成、抜粋しています。

＊近年、犬や猫を家族の一員とみなして「コンパニオン・アニマル」と呼ぶことが多くなってきていますが、本書では便宜上「ペット」と記載しています。
また、野良猫という言葉は、「地域猫または外猫」が一般的になりつつありますが、本書では「ノラ猫」の表記にしています。

小さな命を救いたい―アメリカに渡った動物のお医者さん

2001年5月30日　初版第1刷発行

著　者　　西山ゆう子
企画・編集・構成　岩本真利子（てんしっぽ不妊手術基金）

発行人　永井晴彦
発行所　エフエー出版
〒460-0008　名古屋市中区栄1丁目22－16
TEL　052－203－1208
TEL　0120－160377（注文専用フリーダイヤル）

制　作　株式会社 風人社（http://www.fujinsha.co.jp）
印　刷　竹田印刷株式会社

ISBN-87208-070-X　C0095
（落丁・乱丁はお取り替えいたします）